JN134890

事故事例から学ぶ
材料力学と強度設計の基礎

服部敏雄【著】

日刊工業新聞社

はじめに

「北」が2017年の漢字に選ばれた。北にはもちろん方向、位置を表現する意味があるが、深い意味では**逃げる、そむく**、の意味がある。最近の技術者と社会との関わりの側面から見るに、

・まずは、製品事故・トラブルの再発が目につく。鉄道車両台車溶接部き裂事故、航空機パネル落下事故、航空機エンジンファンブレード破損事故……、いずれも同業他社も含めた関連事故、失敗を直視しない、正面から技術を掘り下げない、まさに**逃げる、そむく**の結果である。

・さらには**改ざん、隠ぺい**も目についた。エアバック破損事故、免震ゴム耐震データ改ざん、ディーゼルエンジン排ガスデータ改ざん、杭打ちデータ改ざん……、種々問題が多発した年でもあった。

設計技術においては21世紀に入り、科学技術はより一層進歩し、特にITの進歩は著しく、このIT技術（CAE技術）の安易な使用・依存によるトラブルが多い。また事故の対応においても、企業技術者は自己防衛に注力し隠ぺいに走り、大学等の中立研究者は、狭い専門分野からのみの偏った分析にとどまる。これでは一般市民は技術不信に陥る。筆者もこれらの事故に関わらせていただいたが、上記障害で最重要の真の原因・最適な対策がゆがめられ、挙句の果ては不公平な司法判断が下される危険性を大いに感じた。この時だからこそ技術者は、社会からより一層の倫理・モラル・責任が求められている。

これらの背景のもと本書『事故から学ぶ　材料力学と強度設計の基礎』の企画が進められた。従って本書の構成も、まず技術者倫理・企業倫理から俯瞰できるよう前半に「事故例」、次にこれらの反省に基づいたCAE有効活用技術・落とし穴・勘所を、最後にこれらに基づいた最新CEE活用強度・寿命評価技術の順の構成にしてまとめた。通常の教科書とは順序が逆と思われるかもしれないが、現在、企業技術者として第一線で活躍しておられる方々には最も適した構成と信じている。

特に最後の特定位置応力法は簡易・使いやすさ・汎用性に優れたものでCAE・強度設計技術者のみでなく、開発設計・生産技術・品質保証・保全等すべての現場技術者に活用願いたい。

また、本著は開発と事故という陽と陰、それらをつなぐ技術倫理を本音で書かせていただいた。企業技術の実態を知る必要のある大学研究者・学生、事故に対して公正な評価を下す責任のある法曹界の方々にも是非読んでいただきたい。

2018年12月

服部　敏雄

目　次

第３章　CAE を用いた強度・寿命設計技術

第４章　強度評価・設計事例

第1章

「失敗に学ぶ」設計とはどんなものか

近年、ものづくり企業と社会との関わりは変化、複雑化しており、そのものづくり企業の技術者もその局面、局面で利便性等社会への貢献、安全・安心等の社会的責任……等に対応しながら製品開発、製造、品質保証、保全の業務を進める必要がある。最近目につく事象としては、以下の4項目が挙げられる。

1. 経済活動とものづくり企業

リーマンショック、ドバイショック、ギリシャショック、イギリスEU離脱と、近年世界は金融・財政破綻の不祥事、政治情勢変化に振り回されている。この反省から我々技術者集団としては、やはり社会は金融界には任せられない、ものづくり産業立国であらねばと再認識しておられると思う。しかしこれらの流れは、すでに数十年前から金融工学がもてはやされ、工学部学生の銀行への就職者の増大、さらには工学部進学希望学生の減少と我々には厳しい問題が投げかけられていた。

2. 技術支配ものづくり産業の復活

しかし、ものづくり産業界自体においてもこれら社会の偏った流れに真正面から対抗してきたかは疑問である。上記の手っ取り早い金もうけ主義に流されて、過度の消費者意欲依存型経営の反省はないか、地震・津波・原発事故の大惨事でも、ものづくり技術者としてこれからの日本の再興のための使命と責任を大きく感じる節目となった。最先端科学、IT……と一見口に甘い分野への技術者の誘惑が、現場技術を衰退させ、このような災害時にはオロオロした科学者の脆弱さを露呈することにもなった。日本再興のためには、やはり金融界、最先端科学者には任せられない、ものづくり産業立国であらねばと再確認された方も多いのではないだろうか。今こそ技術支配ものづくり産業復権が求められているのではないか、との認識も出始めている。

3. 統合型技術者の必要性

これらの流れの原因として、これまでの技術者は細かい範囲の高度専門家として育てられてきたこともあると思われる。例えば本書に関係する強度・信頼性技術者を例にとっても、CAE を駆使する応力解析技術者、材料工学技術者、検査・品証技術者、保全技術者等別個に育てられてきており、統合的に責任をとる風潮がなかった。安全・安心トータルで社会に責任を感じるためには、ま

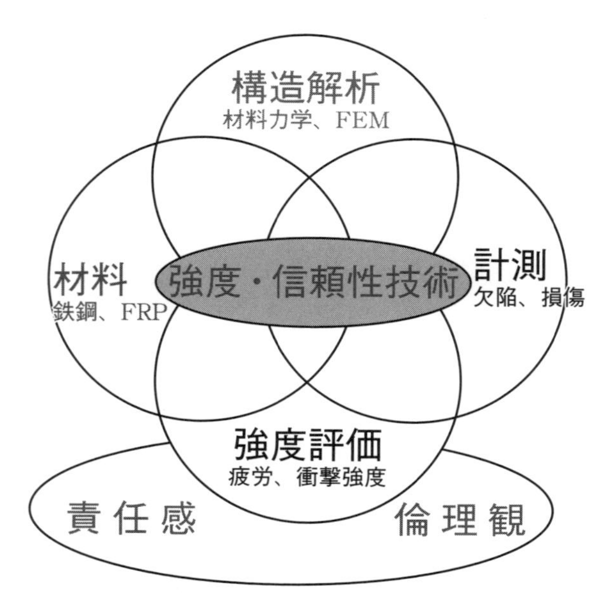

図 1.1 統合型強度・信頼性技術者

ずは技術分野に限っても**図 1.1** のような材料、構造解析、強度評価、検査技術すべてを身につけた統合型強度・信頼性技術者の育成が必要となる。さらには、最近の文系大学教育の見直しと矛盾するように思われるかもしれないが、工学技術者こそ人文科学・一般教養・倫理観を十分に身につけるべきと認識すべきと思う。

4. 事故例からの勉強

これらのことを考慮に入れて、これからのものづくり企業の技術者、強度・信頼性技術者、あるいは将来これらの分野を志す学生に対する教科書をここに試みた。従来のこの種の参考書・便覧・教科書は、まず第 1 章は材料力学、破壊力学、FEM 等の力学解析の勉強、第 2 章は疲労、高温強度等どの破損現象の勉強、第 3 章はこれらを用いた設計事例の順となっているが、実務で多忙中の技術者にとって、これら新しい知識を順番にお勉強している余裕はない。そもそも人間は自分の経験したことと新しい知識を統合しながら自分自身の知恵としてまとめていくものであり、経験の乏しい若き技術者にとってはこの方法は効率が悪い。そこで本書では、まずは読者の方々が新聞等マスコミで見聞きした事故例、設計例を羅裂し、それらを自分の体験のように振り返りながら、上記力学、材料特性、破損現象と事故の関わり、さらには社会との関わり・責任感・倫理観の養成に入り込んでいただき、その一件一件の事故例を見終えた段階で自然に倫理観備えた強度設計技術を一段ずつ身につけていただく方針でまとめた。従って必ずしも最初の事故事例から読み始めていただく必要はなく、まずは自分の製品に関わりそうな、あるいは興味のある事故例から読み始めていただき、その興味の膨らみに応じて力学、破損現象等基礎技術あるいは倫理観の深みにひたっていただき、自身の知識・知恵・教養として身につけていってほしい。

ただ、個々の基礎技術ごとに勉強したい技術者にとっても可能なように、基礎技術別の目次も付けさせていただいたので、ご活用願いたい。

このまとめ方は、最近の「**失敗に学ぶ**」という風潮を大いに参考にさせていただいている。日本人はそもそも武士道から来ているのか、失敗は恥であり、失敗した場合は黙して責任をとるという習慣があり、欧米の真実を語ることによる免責、司法取引の習慣と比較するとなかなか真実が報道されづらい現実もあり、著者なりの視点も入れた事故例報告になっている可能性もあり、関連技術者からみて、少々気になる点があるかも知れないが、まずは教育のための参考例として使わせていただいたことお許し願いたい。読者の技術者の方々もこのような失敗に学ぶ風潮を身につけていただき、企業風土の変化等オープンな技術研鑽を旨とする社会実現に向けて協力願いたい。

第2章

破損・事故解析と破損・事故例

1. 破損・事故解析[1)~9)]

1-1　事故解析の重要性

ものづくり企業は、社会に役立ついろいろな機能を有する製品を提供し顧客に満足していただき、その対価として利益を得ている。しかし、同時に提供した製品が事故等で顧客・社会に迷惑を掛けないという社会的使命をも担っている。企業の技術者の業務は、この両者をうまく両立させることに重きを置いてきた（**図2.1** 参照）。最近は製造物責任法（PL法）制定により後者の責任が重くなってきている。しかし現実には、新幹線台車き裂事故、航空機ファンブレード破損事故、航空機パネル落下事故、トレーラハブの疲労破損、エアバッグ異常破裂リコール、原子炉電源喪失事故、エレベータ暴走、蒸気タービン翼破損、ジェットコースタ車軸破損、湯沸かし器のはんだ部断線……と絶え間なく起こる事故は社会問題となっている。

この問題の原因に大きく分けて2つあると考えられる。1つは、手っ取り早

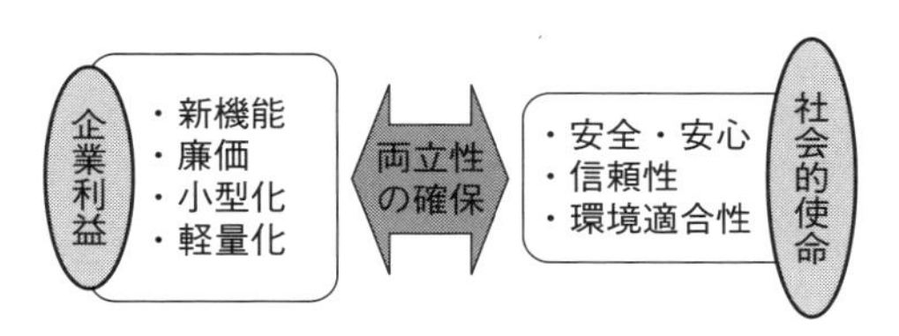

図2.1　企業技術者の両立性（利益確保と安全）

く利益を得られる新製品の開発には予算を出すが、利益換算の難しい安心・安全には予算を出しづらい経営幹部の風潮である。これについてはリスクマネジメント的経営の導入、技術者の地位向上等、健全な企業コンセプトの確立を待つしかない。２つめは、事故・トラブルは恥であり、隠そうとする特に日本企業の風潮である。最近は「失敗に学ぶ」という主張から失敗事例を社内で公開、蓄積し再発を防ぐ機運も高まってきている。本著はまさにこの後者の推進のために著わされたもので、第２章はそのために事例を中心に破損事故を学ぶ章とした。事故製品の破面にはさまざまな情報が集約されており、最大の物的証拠でありこれをいかに正しく、有効に見通せるかによって原因究明・対策の成否が決まる。安全社会の実現に向けて、技術者の責任とも思って理解し、身につけていただきたい。

1-2　破損の種類と特徴

材料の破損全般を１つの体系で論ずるのは難しいが、破損の形態、負荷の種類、環境因子等の視点から分類すると**表 2.1** のように分類される。

①破損形態の視点から分類

延性破壊（ductile fracture）と脆性破壊（brittle fracture）に分けられる。

②負荷形式から分類

静的破壊；単調増加荷重

衝撃破壊；衝撃荷重

疲労破壊；繰返し荷重

クリープ破断；一定荷重

遅れ破壊；一定引張り荷重

③環境による分類

酸化腐食；局部電池作用による腐食。腐食ピット

水素起因腐食；応力腐食割れ、水素脆化割れ、遅れ破壊

温度；高温強度、低温強度

表 2.1　破損・破壊の分類

分　類	破壊形態	備　考
荷形式	1）静的破壊 （単調増加荷重）	引張り試験や部材の最終破断時に見られる。
	2）衝撃破壊 （衝撃的荷重）	衝撃荷重により材料の脆化が起こりやすい。
	3）疲労破壊 （繰返し破壊）	疲労破壊は繰返しせん断変形による。機械・構造物の破損事故の 60 %以上が疲労。
	4）クリープ破断 （一定荷重）	材料の溶融温度の約 40% 以上の温度環境。
	5）遅れ破壊	応力腐食割れ、液体脆化割れ、水素脆化割れ、中性子照射脆化割れ。
破断部の塑性変形の難易度	1）延性破壊	塑性変形を伴う破壊。引張り試験での最終破壊。
	2）脆性破壊	塑性変形をほとんど伴わない破壊。
破面の形態	1）へき開破壊	垂直力による破壊（雲母の破壊等）。
	2）延性破壊	微小空孔の合体による。ディンプルが特徴。
	3）せん断破壊	せん断応力によるすべり面分離。
金属組織的	1）粒内破壊	結晶粒内のすべり変形。き裂が結晶粒内を通る。例）疲労破壊。
	2）粒界破壊	結晶粒界の弱化による。き裂が結晶粒界を通る。例）クリープ破壊、応力腐食割れ等。
腐食環境	1）溶解型破壊	APC（Active Path Cracking）。
	2）水素吸蔵型破壊	HE（Hydrogen Embitterment）。

以下の事故解析、力学解析、破面解析等を、これらすべての破損の種類に対して並列的に解説するのは難しいため、本章以下では、まず事故のほとんどを占める疲労破壊を中心に解説し、その他の破損に対しては、個別で述べていく。

1-3　事故解析の手順

製品、機器の種類、規模等により事故解析の手順は異なるが、基本的には**図 2.2** のような手順で行われる。

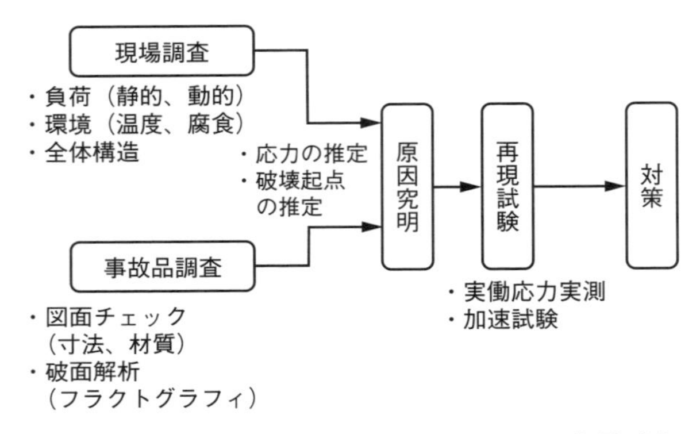

図 2.2　事故解析の手順とフラクトグラフィの位置づけ

①事故現場；まずは事故現場に赴き、事故品の稼働していた状況、事故の状況、壊れた部品の状況を調べる。**破面解析（フラクトグラフィ）**を行う。

②設計・製造現場；設計・製造現場に赴き、設計ドキュメントから負荷形態の推定、負荷量の定量化を行う。

③原因究明；これらの結果と**破壊力学**等を駆使して、破損起点と破損応力を推定する。

④再現試験；場合によっては再現試験で究明結果の妥当性を確認する。

⑤対策；以上の結果を総合して対策法を決定する。

これらのプロセスの中で、フラクトグラフィと破壊力学は原因究明に不可欠な車の両輪であり、以下に概略説明する。

1–4　事故解析の手法

(1) 破面解析（フラクトグラフィ）

フラクトグラフィ（Fractography）は、破面をレプリカ法によって透過電子顕微鏡で観察したり、走査型電子顕微鏡で直接観察したりして、破面の形態から破壊が何に起因して生じたのか、あるいは、どのような応力で破壊が生じたのかを解析するものである。フラクトグラフィは破面に残された痕跡の解析であるが、そのすべてが証拠として残されているわけではない。従って、破壊事故の原因究明に適用する場合には、部材の製造履歴や使用条件等と併せて総合的に検討することが重要である。特に事故品の場合には破面の損傷程度や保存状態に大きく依存するため、破面観察に当たっては、その取扱いに十分配慮するとともに、破面に残されている情報だけでなく、破面近傍の表面状態等、周辺の情報も最大限利用することが大切である。

図 2.3 にフラクトグラフィにおけるフローチャートを、**表 2.2** に破面の着眼点と破壊様式の分類を示す。初めに、破面とその周辺の巨視的な観察であるマクロフラクトグラフィを行って、破壊様式の概略を把握する。次に、走査型電子顕微鏡(SEM；Scanning Electron Microscope)等で観察できるように破損部材からサンプルを作製し、破面の汚れを落とすために洗浄する。そして、SEM

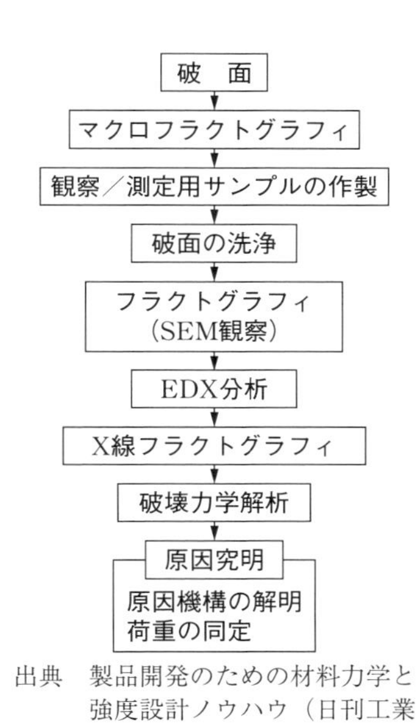

出典　製品開発のための材料力学と強度設計ノウハウ（日刊工業新聞社、2002）99 頁　図 2.188

図 2.3　破面解析（フラクトグラフィ）のフローチャート

表2.2　破面の着眼点と破壊様式

着眼点	破壊形式		
	延性破壊	脆性破壊	疲労破壊
破面の特徴		シェブロンパターン	ビーチマーク
破面の粗さ	比較的平坦	粗い	平滑
色　彩	金属光沢または灰色	きらきらした金属光沢	白または黒褐色
角　度	45°	90°	90°
欠陥の現れ方	菊目状の平坦面		起点およびき裂進展経過とも明瞭

出典　製品開発のための材料力学と強度設計ノウハウ（日刊工業新聞社、2002）99頁　表2.12

を用いた微視的な破面観察であるミクロフラクトグラフィを行う。この時、観察倍率を数10倍とした比較的低い倍率であらましを把握するための観察（マクロフラクトグラフィ）と、観察倍率を10,000倍程度まで上げて0.01 μm以下の分解能での詳細な観察（ミクロフラクトグラフィ）とを使い分けることが重要である。破壊の原因には金属組織に絡んだ内容が含まれることも多いので、エネルギー分散X線回折法（EDX；Energy Dispersion Diffraction）による化学分析も有効である。また、最近ではX線回折法を用いて破面、あるいは破面直下の観察を行って塑性域寸法等を測定して解析するX線フラクトグラフィも行われるようになっている。特に、腐食環境に曝されていた破面は微細な破面形態が腐食によって消失してしまうことがあるが、そうした場合に有効と考えられている。

以上の種々な手法による破面観察結果と併せて、破壊力学的な解析を行い、定性的には破壊機構を解明し、定量的には負荷応力を推定して、破壊原因を究明する。以下にこれら破壊機構解明、負荷応力推定、破壊起点推定等について、それぞれマクロフラクトグラフィ、ミクロフラクトグラフィに分けて解説する。

1）マクロフラクトグラフィ

破壊事故を起こした機械構造部品の破壊解析に当たっては、まず、巨視的な破壊形態を分析する。これをマクロフラクトグラフィという。破面は破壊した直後に自然光の下で、肉眼またはルーペなどを用いて、破面の特徴、粗さ、色彩、角度、および欠陥の現われ方等に着目し、詳細に観察することが必要である。特に、起点部では破壊だけでなく、部材の側面の観察が重要である。腐食痕や傷、切欠き、介在物等の表面状態、ならびに周辺の部品との位置関係等も確認する必要がある。マクロフラクトグラフィの1例を**図 2.4** に示す。マクロ破面の特徴は、大きく分けると2つの模様があることである。1つは実線で示した模様で、起点から放射状に広がっている。これは、脆性破壊のように、き裂が急速に進展して破壊した破面に見られるシェブロンパターン（Chevron pattern）と呼ばれるものである。一方、点線で示した模様はビーチマーク

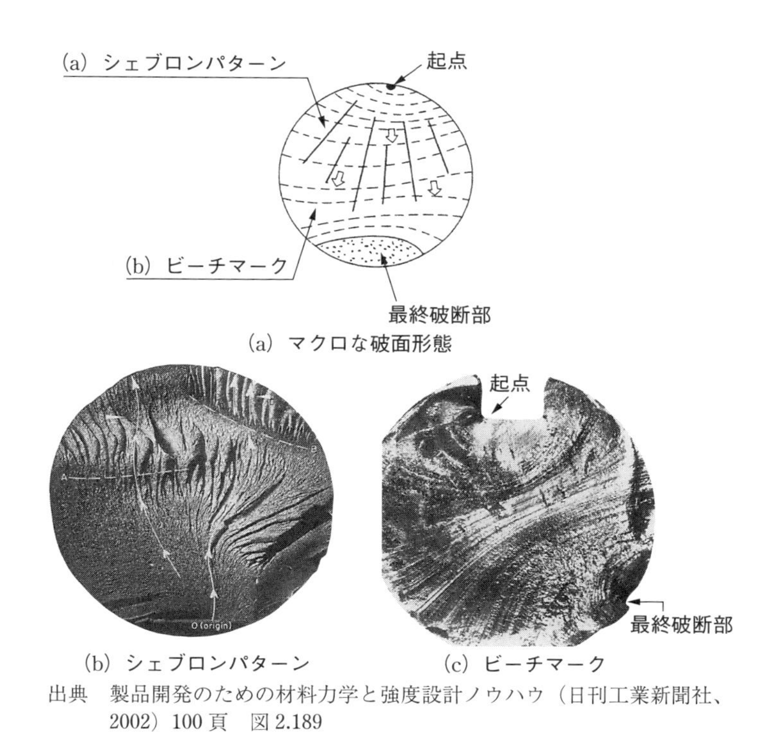

(a) マクロな破面形態

(b) シェブロンパターン　(c) ビーチマーク

出典　製品開発のための材料力学と強度設計ノウハウ（日刊工業新聞社、2002）100 頁　図 2.189

図 2.4　代表的なマクロ破面

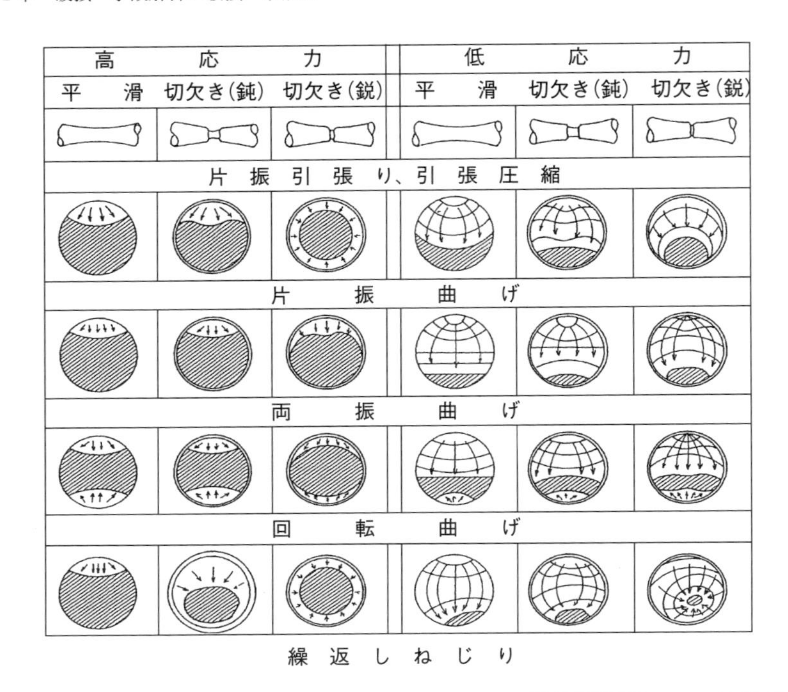

出典　製品開発のための材料力学と強度設計ノウハウ（日刊工業新聞社、2002）101頁　図2.190

図 2.5　負荷・応力状態とマクロ破面形態

(Beach mark) と呼ばれるもので、荷重変動を受けながら、段階的に徐々にき裂が進展する疲労破壊に特徴的な模様である.

巨視的な疲労破面形態を**図 2.5** に示す。図では、応力振幅の高低、応力集中の度合い（平滑材、鈍い切欠き材、鋭い切欠き材)、荷重の状態（引張りおよび引張り圧縮、一方向曲げ、両振り曲げ、回転曲げ、繰返しねじり）によって分類してある。図中、矢印は実線で示したビーチマークの形から推定したき裂の進展方向を示し、ハッチングを施した部分は最終破断面を示している。最終破断面の全体の破面に占める面積割合から応力振幅の高低が推定でき、形状と位置から荷重様式を評価することが可能である。例えば、最終破面の大きさが小さいものは低応力負荷だったことが、周りから均等に破壊が発生進展したものは高応力負荷だったことなどが推定される。

2）ミクロフラクトグラフィ

ミクロフラクトグラフィは、走査型電子顕微鏡（SEM）写真を用いた破面観察で、延性破面ディンプル（**図 2.6**、**図 2.7** 参照）、疲労破面ストライエーション（**図 2.8** 参照）、粒内ファセット等、さまざまな破壊形態を最も効率的に解析できる手法で、多くの事故解析で中心となる手段である。ここでは事故現象として最も多い疲労破面ストライエーションの形成メカニズムについて説明する。

疲労破壊は疲労き裂の発生とそれに引き続く進展によって生じる。**図 2.9** は単軸応力状態における典型的な疲労過程を模式図で示したものである。疲労き裂は、一般にはその部材の最大せん断応力方向にすべり面が一致する方位を有

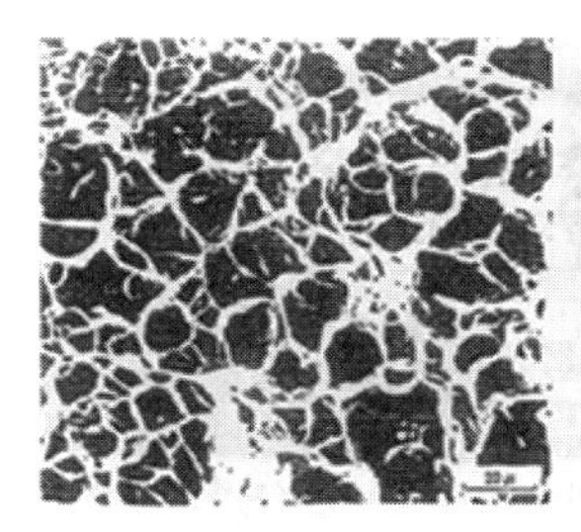

(a) 等軸ディンプル

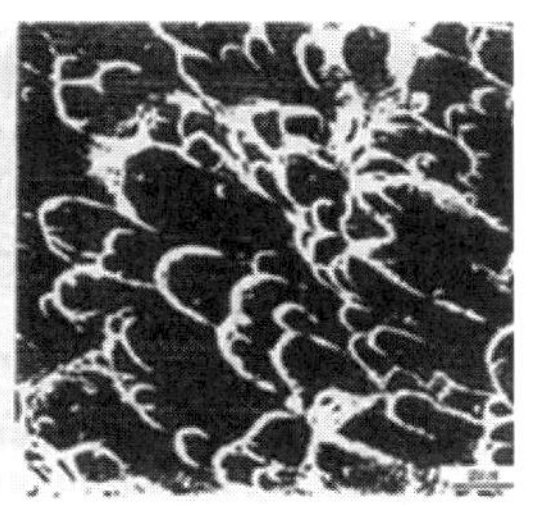

(b) 伸長ディンプル

図 2.6　アルミニウム合金における延性破面のディンプル

2.2μm

図 2.7　コバルト基合金における延性破面のディンプル

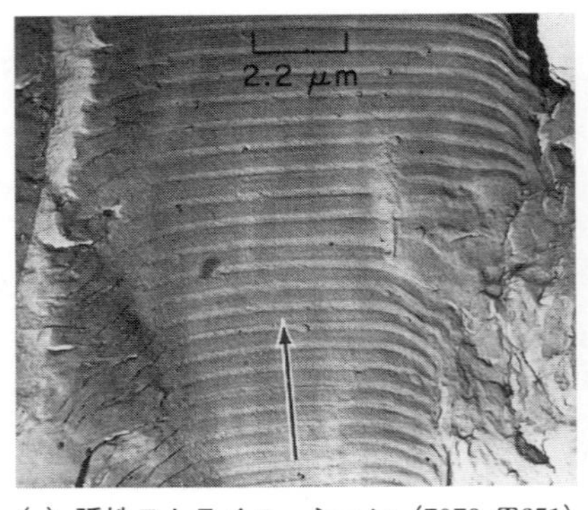

(a) 延性ストライエーション（7079–T651）

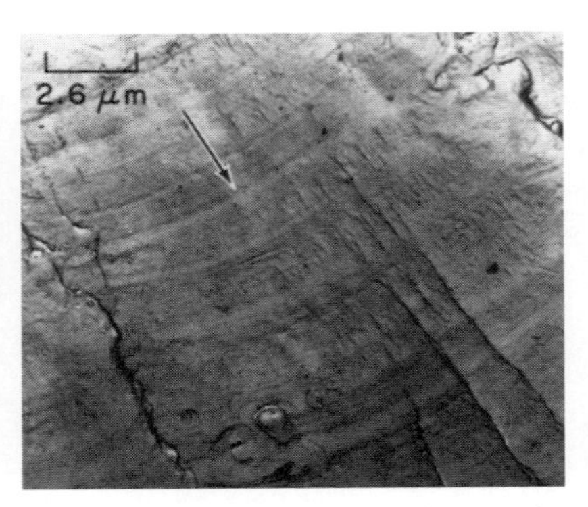

(b) 脆性ストライエーション（7075–T6）

出典　製品開発のための材料力学と強度設計ノウハウ（日刊工業新聞社、2002）103頁図2.194

図 2.8　アルミニウム合金における疲労破面ストライエーション[1)]

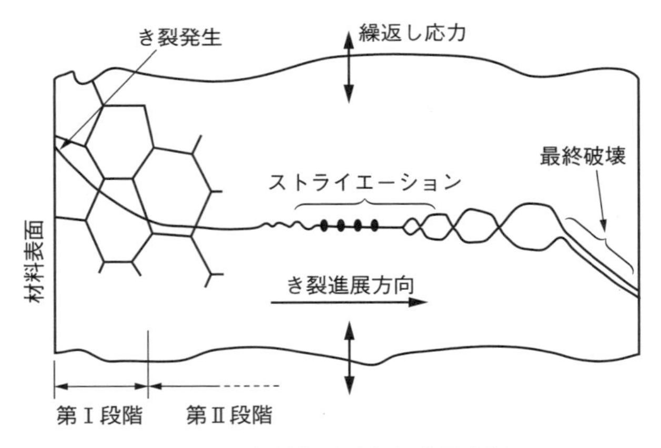

図 2.9　疲労き裂発生と進展過程

する材料表面結晶粒内ですべりが繰り返され、**図 2.10** に示すように表面に突出し（extrusion）や入込み（intrusion）と呼ばれる凹凸が発達して微小き裂になる（第Ⅰ段階）。さらにき裂が成長すると、最大主応力軸に垂直な第Ⅱ段階のき裂進展に遷移する。この間の遷移領域では、き裂先端における応力が十分大きくなり、複数のすべり系ですべりが駆動するようになり、き裂はすべり面

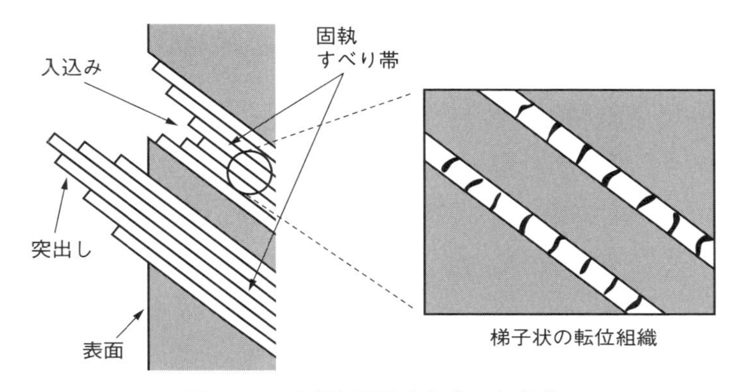

図 2.10　疲労き裂発生とすべり挙動

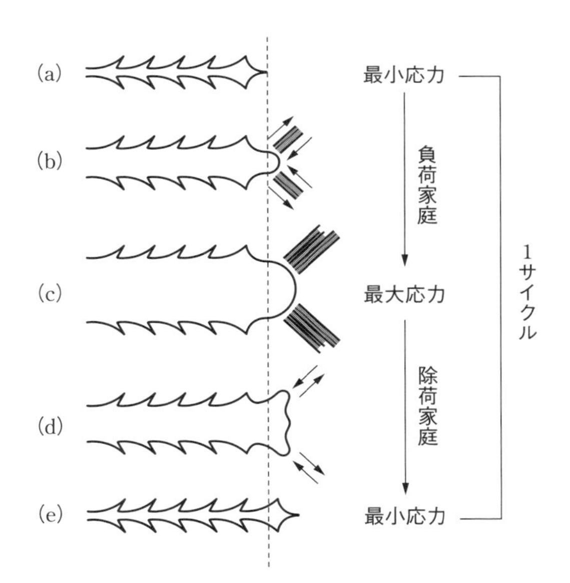

図 2.11　ストライエーション形成機構の模式図

を変更しながらすべり面に沿って進展する。このようなき裂進展領域において、ストライエーションが破面に観察されることが多い。

ストライエーション形成機構としては、**図 2.11** に模式的に示すモデルがある。図中の破線は、新たな応力サイクル開始時のき裂（図 2.11(a)）の先端位置を示している。いま、新たな応力繰返しの1サイクルにおける負荷過程で、図2.11(b)に示すように、き裂先端領域における結晶粒群がそれぞれ局所的に大きなすべり変形を生じ、さらに負荷が増して最大応力に達すると、図2.11(c)に示すように、き裂先端において鈍化（blunting）を生じるとともにき裂長さも長くなる。最大応力到達後の除荷過程では、鈍化したき裂先端部分は図2.11(d)に示すように折り込まれ、その先端の上下両側に突起状の変形が誘起される。このような変形過程を経て、最小応力に達した時のき裂先端では図2.11(e)に示すような再鋭化（re-sharpening）を生じる。このような機構でき裂が進展することにより、き裂が通過した後の破面には応力繰返しの1サイクルに対応したストライエーションが残存する。

3）破壊起点の推定

事故の場合には1次破壊、2次破壊……と結果的に多くの破面が生ずるが、事故解析の上で一番重要なことは、この多くの破面の中から基本的には1点しかない破壊起点を見出すことである。どこの破面から最初に破壊が起こったかは、まずはマクロフラクトグラフィによって推定するが、その破面のどこが破壊の起点かは、破片を持ち帰ってミクロフラクトグラフィを必要とする場合もある。これらの推定プロセスの中で、以下のような特徴を知っておくと、破壊起点の推定に大いに参考になる。

①破片を互いにつぎ合わすことができる場合は、例えば**図2.12**のように、破面の形は合うが隙間ができるときは、一番口が開いているAの破面で破壊が最初に起こったと推定される。これは、1つの構造物がいくつかの破片で破壊した場合、破壊起点となる破面には、塑性変形が小さく、この1次破壊によって応力分布の再配分が起こり、2次破壊以降の領域には多大な応力が加わり塑性変形を伴った延性破壊で壊れることが多いからである。

②板状構造物破面が**図2.13**左のようにT字形に交差している時は、破壊Aが先行したことを示している。この原則をつなぎ合わせていけば、同図右のような複雑な破壊プロセスで壊れたものでも、破壊起点を推定できる。

③マクロフラクトグラフィで、**図2.14**のように放射状マーク、あるいはV

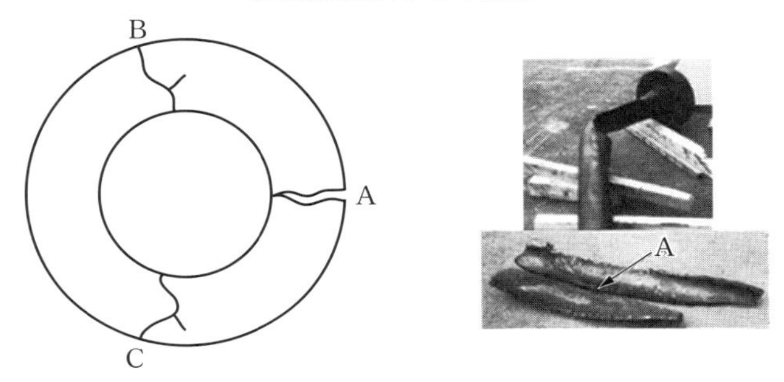

ピンジョイント部品部品の破壊形状　　石油プラント配管の破裂形状

出典　破壊力学大系―壊れない製品設計へ向けて―（NTS, 2012）12頁, 図13

図 2.12　部品合体による破壊起点調査

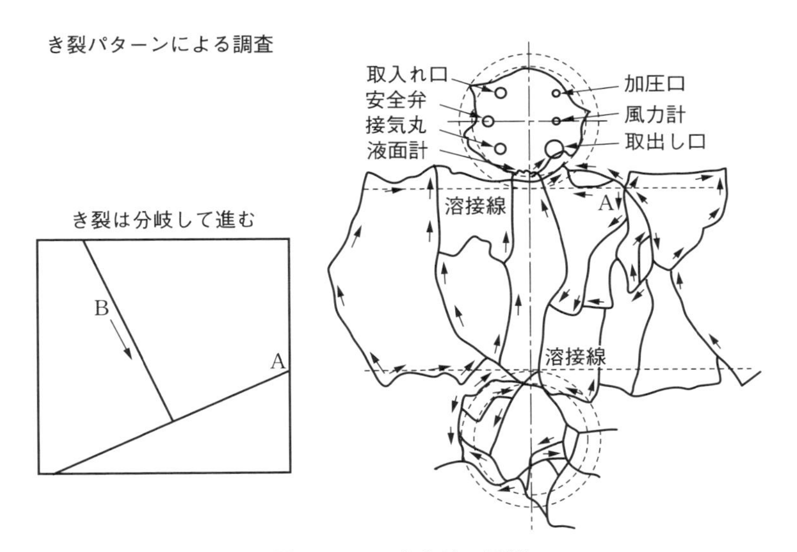

図 2.13　T字分岐の原則

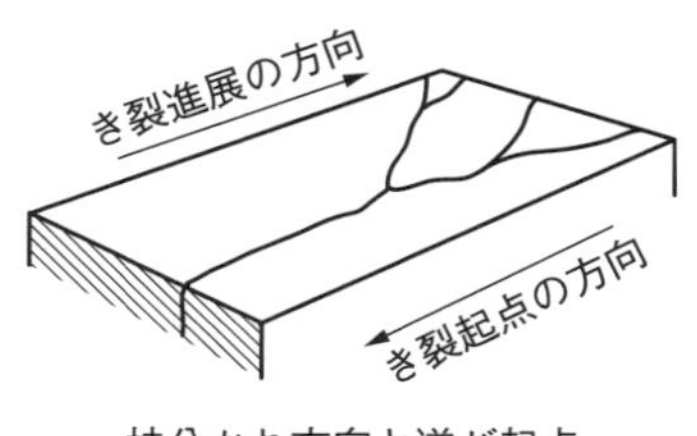

枝分かれ方向と逆が起点

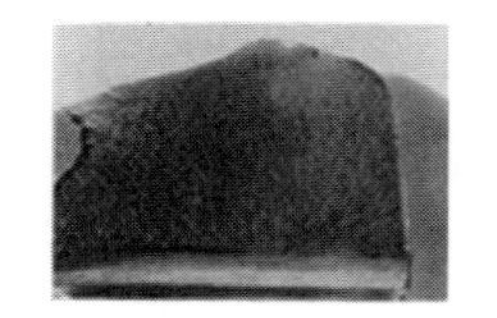
放射状マークの要部が起点

V字へリングボーンの頂点方向に起点

出典　破壊力学大系―壊れない製品設計へ向けて―（NTS, 2012）13頁，図15

図 2.14　放射状マーク、V字形パターン破面の破壊起点（マクロフラクトグラフィ）

字形パターンが見られる場合には、放射状の集まるところ、V字の頂点方向が破壊の起点となる。

④ミクロフラクトグラフィで、**図 2.15** のようなリバーパターン（River pattern）が見られる場合には、破壊の起点は、この川の上流側になる。上記（iii）と逆となるので注意を要する。

(2) 破壊力学

1) 実働応力・寿命の推定

事故解析で最も重要なことは、その機械・機器の稼働中の応力履歴を知ることである。ここで事故現象として最も多い疲労破壊を考えると、この疲労損傷進行中の破面にストライエーションというすじ状模様が残ることを前項で説明したが、このストライエーションの間隔（幅）こそが繰返し応力が1回ずつ掛かった時のき裂の進展量となる。従ってこのき裂の進展量（以後き裂進展速度da/dNと表示する）と、稼働応力の関係が分かればいいことになる。この関係づけに著しい貢献をしたのが破壊力学（Fracture Mechanics）である。破壊力学は、き裂を含む部材あるいは構造物の応力解析での弱点である応力特異性（き裂先端で応力が無限大となること）に対処するため、応力に代わる新しいパラメータ（応力拡大係数；K）を提供することができる。これにより強度評

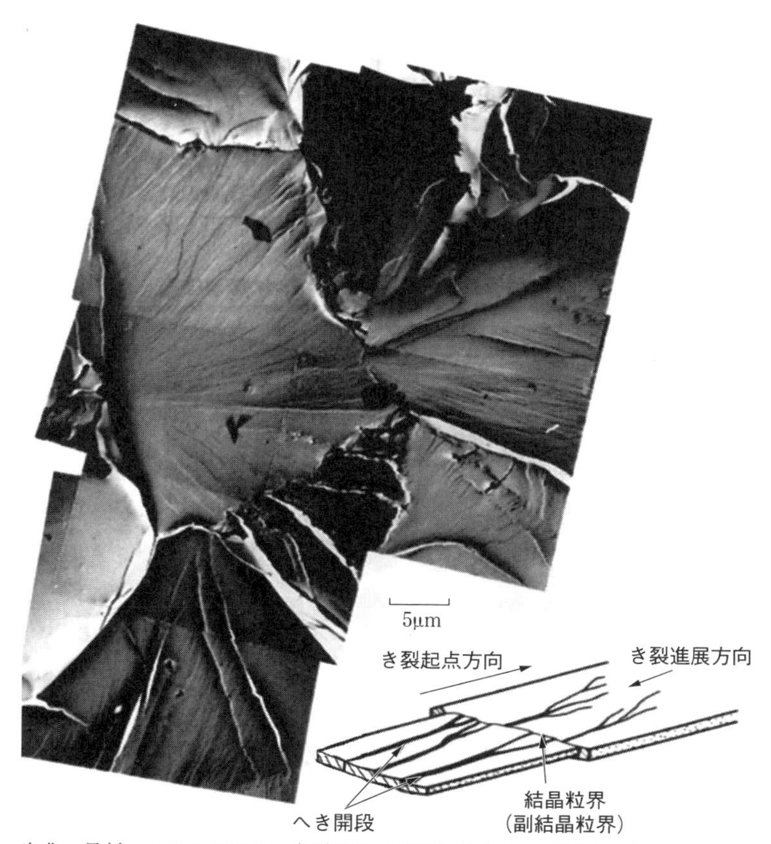

出典　最新フラクトグラフィ各種材料の破面解析とその事例（テクノシステム、2010）12 頁　図 13

図 2.15　リバーパターン破面の破壊起点（ミクロフラクトグラフィ）

価の技術を従来の設計のみから、品質保証・予防保全・事故解析の広い範囲にわたる技術にまで進めることができた。またこの応力特異場の取扱いは、き裂や欠陥以外の一般の鋭いコーナ角部、接着端部、接触端部にも見られ、これらも広義の破壊力学ととらえられ、応力特異場パラメータを用いて強度評価する手法に展開されている。それについては、2.2（10）接着強度、4.1 フレッチング疲労強度の項で説明させていただく。

2）破壊力学と応力拡大係数

現在通常の部材、構造物の強度設計に使われている、材料力学的強度評価は**図 2.16** 左に示すように構造物の局所応力、例えば応力集中部における最大応力 $\sigma_{\max}$ を応力解析により求め、これと材料試験により得られた材料強度データ、例えば降伏応力 σ_y、破断応力 σ_B、疲労限 σ_W 等との比較から強度評価を行う。ただし、き裂がある場合は図 2.16 右に示すように、き裂先端で応力が無限大となる応力特異場となっているため、最大応力 $\sigma_{\max}$ の代わりに、この応力特異場の応力分布を支配している式(1)のパラメータ K（応力拡大係数）を用いて強度評価しようというのが破壊力学の立場である。

$$\sigma = \frac{K}{\sqrt{2\pi r}} \tag{1}$$

それではこの応力拡大係数 K はどのようにして求めるかというと、FEM（有限要素法）で応力解析をする場合には、ソフトによってはその一環で求めることができる（仮想き裂進展法等）が、き裂近傍の要素分割を細かくする必要がある等の欠点もあり、基本的な構造に対して弾性論、FEM 等を用いてす

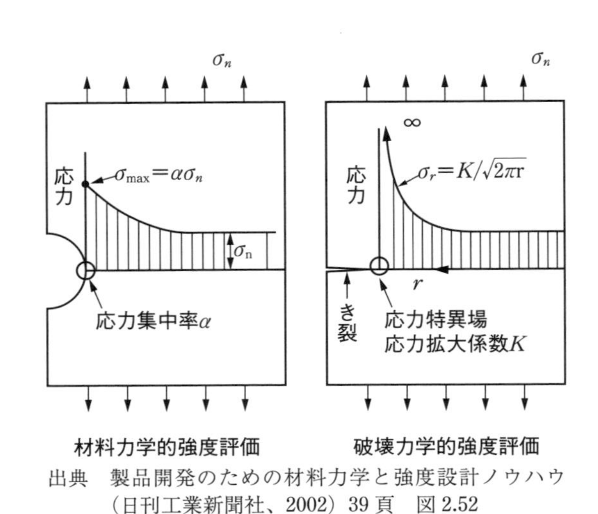

出典　製品開発のための材料力学と強度設計ノウハウ（日刊工業新聞社、2002）39 頁　図 2.52

図 2.16　材料力学的強度評価と破壊力学的強度評価

表 2.3　応力拡大係数の代表例

き裂と荷重の種類	応力拡大係数 K
 σ, $2a$, σ	一様引張応力を受ける無限平板中のき裂 $K=\sigma\sqrt{\pi a}$
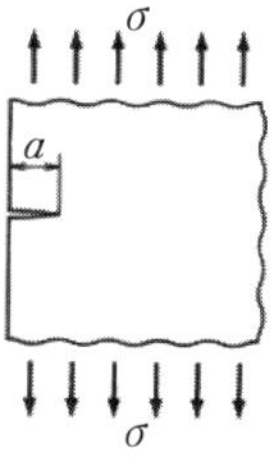 σ, a, σ	一様引張応力を受ける半無限平板中の片側き裂 $K=\sigma\sqrt{\pi a}\cdot F$ $F=1.125$
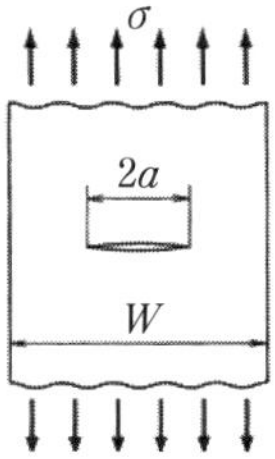 σ, $2a$, W	一様引張応力を受ける有限平板中の中央き裂 $K=\sigma\sqrt{\pi a}\cdot F(\alpha)$ $\alpha=a/W$ $F(\alpha)=(1-0.025\alpha^2+0.06\alpha^4)\sqrt{\sec\left(\frac{\pi\alpha}{2}\right)}$
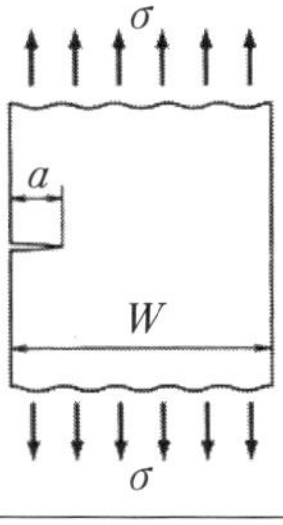 σ, a, W, σ	一様引張応力を受ける有限平板中の片側き裂 $K=\sigma\sqrt{\pi a}\cdot F(\alpha)$ $\alpha=a/W$ $F(\alpha)=1.12-0.231\alpha+10.55\alpha^2-21.72\alpha^3+30.39\alpha^4$

でに解析されデータブック化されている[8]ので、それらを参考に願いたい。最も基本的な例を**表 2.3** に示す。基本的には、き裂深さ a、公称応力 σ、補正係数 F を用いて次式のごとく求められる。

$$K=\sigma\sqrt{\pi a}\cdot F(a/W) \tag{2}$$

3）破壊力学を用いた実働応力の推定と残存寿命の推定

上述の破壊力学パラメータである応力拡大係数 K は、き裂先端部の厳しさを評価する汎用パラメータとなり、例えば繰返し負荷中のき裂の進展特性は、**図 2.17** のように表わされる。これは横軸に応力拡大係数範囲 ΔK の対数、縦軸にその負荷サイクル1回でのき裂の進展速度 da/dN の対数で表示したものである。ほとんどの材料ではこの模式図から分かるように、き裂の進展しない限界応力拡大係数範囲（Threshold stress intensity factor range ΔK_{th}）と、1回の負荷で破断する破壊靭性値（Fracture toughness K_{IC}）の間では、パリス則[9]といわれ

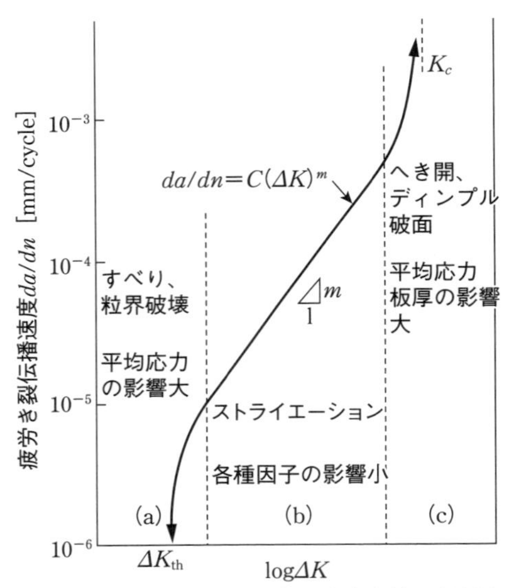

出典　製品開発のための疲労破壊事故の解析と強度対策（日刊工業新聞社、2002）16頁図 1.29

図 2.17　疲労き裂の進展特性

る次式の関係が成立する。

$$\frac{da}{dn}=C\cdot\Delta K^{m} \qquad (3)$$

ここで、例えば**図 2.18**(a)のように、ある部品が繰返し面外曲げ負荷を受け、疲労き裂が発生し進展、破断したとする。その破断面の種々のき裂深さ（a_1、a_2、a_3）位置での電子顕微鏡（SEM）写真から各位置でのストライエーション間隔（S_1、S_2、S_3）を、図 2.18(b)のごとく測定すれば、これを図 2.17 の縦軸き裂進展速度 da/dN に当てはめると、図 2.18(c)のごとく、各位置での応力拡大係数範囲 ΔK が求まる。これら a、S、ΔK が求まれば、実働応力は、(3)式より推定できる。稼働中の応力振幅がそれほど変化しないと予想される場合でも、測定誤差、ばらつき等から、それぞれのき裂位置から推定した応力がそれぞれ一致しないこともあるが、このような場合には平均して推定応力とする。

また、保全業務の側からみると、ある定期検査で、部材にある深さ a_0 のき裂が観察されたとして、この部材があとどれくらいの寿命 N_C があるかの推定が必要になる場合がある。この場合には、既知の実働応力あるいは上記推定で求めた実働応力振幅 $\Delta\sigma$ と、破壊靭性値 K_{IC} を(3)式に入れ、限界き裂長さ a_C を以下の式から求め、

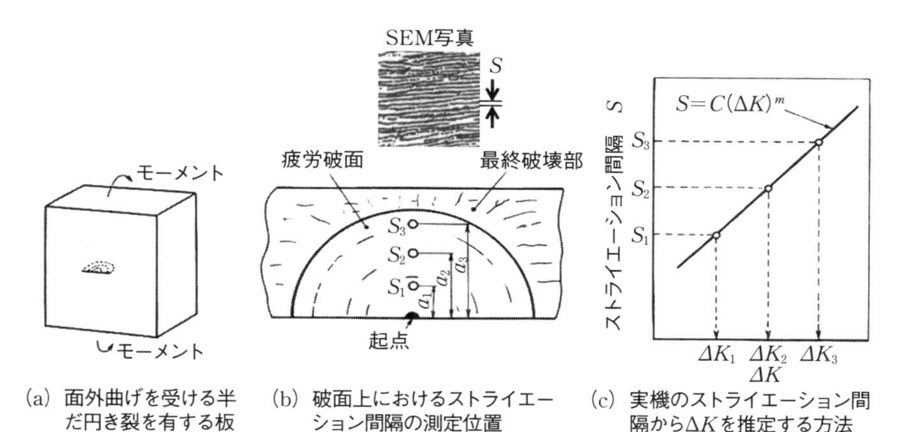

(a) 面外曲げを受ける半だ円き裂を有する板　(b) 破面上におけるストライエーション間隔の測定位置　(c) 実機のストライエーション間隔から ΔK を推定する方法

図 2.18　実機疲労破面のストライエーション間隔から実働応力の推定

$$K_{IC}=\Delta\sigma\sqrt{\pi a_C}\cdot F(a_C/W) \tag{4}$$

(4)式を積分して以下のごとく求められる。

$$dN=\frac{da}{\Delta K^m}=\frac{da}{\{\Delta\sigma\sqrt{\pi a}\cdot F(a/W)\}^m}$$

$$N_C=\int dN=\int_{a_0}^{a_c}\frac{da}{\{\Delta\sigma\sqrt{\pi a}\cdot F(a/W)\}^m} \tag{5}$$

演習問題　1

Daily-Start-Stop 回転体（1 回/1 日、ON/OFF を繰り返す設備）の、**図 2.19** のような繰返し一様引張負荷を受ける部材（Ni-Mo-V 鋼）に、定期検査で深さ 35 mm のき裂が発見された。破面観察した結果き裂深さ 30 mm の位置で、ストライエーション間隔 0.5 μm が観察された。稼働中の応力状態を予測せよ。

また、定期検査以後この応力状態がそのまま続いているとしたら後何回（日）ぐらいの繰返し負荷を受け、き裂深さがどこまで進むと、終局破断に至るか。

なお、Ni-Mo-V 鋼のき裂進展特性は、**図 2.20** とせよ。

実働応力の推定

(3)式より、$da/dN=S=C\Delta K^m$

$$\Delta K=\sqrt[3.1]{\frac{S}{C}}=\sqrt[3.1]{\frac{0.5\times10^{-6}}{2.4\times10^{-12}}}=52(\mathrm{MPa}\sqrt{\mathrm{m}})$$

表 2.3 より、

$$\Delta K=\Delta\sigma\sqrt{\pi a}\cdot F(\alpha)$$

$$\alpha=a/W$$

$$F(\alpha)=1.12-0.231\alpha+10.55\alpha^2-21.72\alpha^3+30.39\alpha^4$$

$$\alpha=a/W=30/50=0.6$$

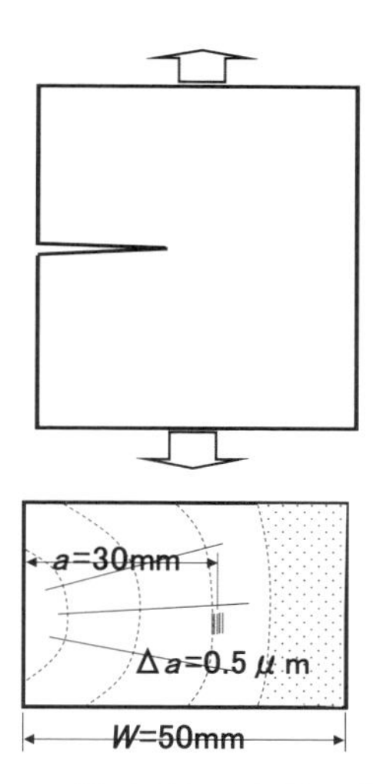

図 2.19　一様引張負荷部材のき裂破面

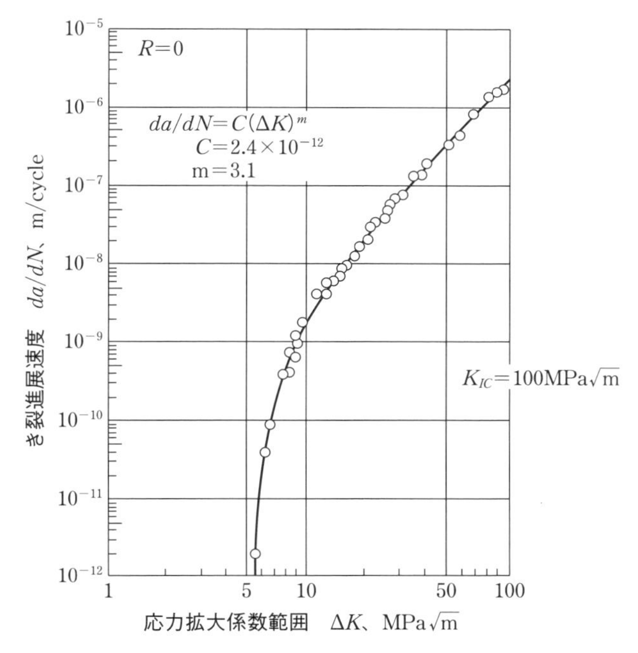

図 2.20　Ni–Mo–V 鋼のき裂進展特性

$$F(\alpha)=4.03$$

$$\Delta\sigma=\frac{\Delta K}{\sqrt{\pi a}\cdot F(\alpha)}=\frac{52}{\sqrt{\pi\times 0.03}\times 4.03}=42(\mathrm{MPa})$$

残留寿命の推定

(4)式 $K_{\mathrm{IC}}=\Delta\sigma\sqrt{\pi a_C}\cdot F\ (a_C/W)$ に、$K_{\mathrm{IC}}=100(\mathrm{MPa}\sqrt{\mathrm{m}})$　$\Delta\sigma=42(\mathrm{MPa})$ を入れると、$a_C=37(\mathrm{mm})$ と求まる。

(5)式 $N_C=\int dN=\int_{a_0}^{a_c}\frac{da}{\{\Delta\sigma\sqrt{\pi\alpha}\cdot F(a/W)\}^m}$ より、

残存寿命は、$N_C=\int dN=\int_{0.035}^{0.037C}\frac{da}{\{42\sqrt{\pi a}\cdot F(a/W)\}^{3.1}}\approx 700$ 回（日）

と求まる。

2. 事故・破損例

ここでは、実際の事故・破損例を取り上げ、これらの事例から、設計特に CAE の側面からの反省・教訓事項をまとめてみる。また、これらの事故解析・教訓中に適用する個々の CAE 技術については第 3 章で述べる CAE 技術全体を系統的にまとめた各節とのつながりについても記述するので、事故例/CAE 基礎技術両方を相互に参照しながらおのずと強度設計技術が身につくようにしてある。

2-1　新幹線のぞみ、東武東上線鉄道台車き裂事故

(1) 新幹線のぞみ台車き裂事故

(a) 事故状況

2017 年 12 月 11 日、博多発東京行き「のぞみ 34 号」(N700 系、16 両編成）が、13 時 50 分ごろに小倉駅を出発した際、客室乗務員らが、焦げたような臭

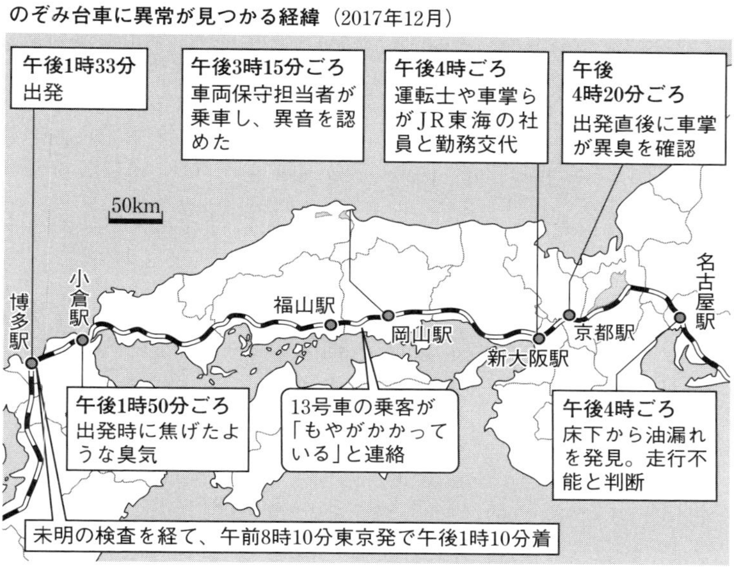

図 2.21　のぞみ台車に異常が見つかった経緯

いを確認、車両保守担当社員も、岡山駅から乗車し 13 号車（前から 4 両目）付近で異音を認めたが、運転を続けた。しかし、京都駅発車後に再び異臭を認めたため、名古屋駅で車両の床下を点検し、17 時 3 分に油漏れを発見、運行を止めた（**図 2.21** 参照）。その後の検査で、鋼鉄製の 13 号車台車に以下の異常が見つかった（**図 2.22** 参照）。

（ i ）「台車枠」にき裂 1 箇所

（ ii ）モータ回転を車軸に伝える「継手」に焦げたような黒っぽい変色

（iii）継手と、車軸の間の「歯車箱」付近に油漏れ

走行中の異音、異臭のみでなく、車両の重要な構造部材である台車枠（側はり）の底面には全長 160 mm、側面には全長 140 mm と、残すところほんの 30 mm という状況であったことが分かり、国の運輸安全委員会は、新幹線で初めての重大インシデントとして調査を始めた。

事故調査の結果、2018 年 2 月 28 日、製造元から台車枠と軸バネ座とを溶接

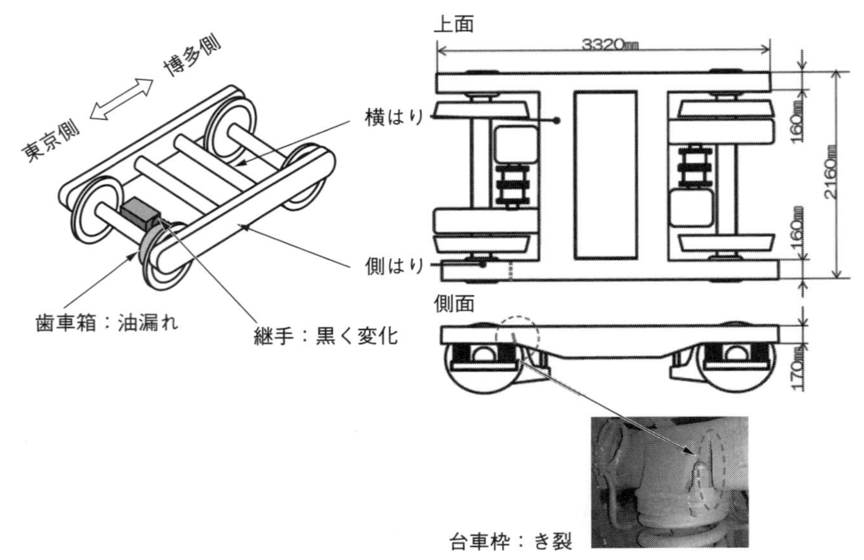

出典　JR 西日本提供。一部簡略化

図 2.22　のぞみ台車での側はりと継手・歯車箱の荷重分担の推移

する際、隙間を調節するために鋼材を多大に削りすぎ、強度低下につながったと公表された。

(b) 原因究明

〔事故原因の推定〕

この車両は、2007 年 11 月に製造され、692 万 km 走行。2017 年 2 月に全般検査を受け、同 10 日の目視検査で異常はなかったという。このように 10 年以上の長期間運用・稼働後の事故ということから、まずは疲労が主原因と考えられる。確かに製造元の発表からもこの削りすぎ部の溶接箇所からの疲労き裂発生が主原因と考えられる。

〔事故経過の推定〕

事故経過の疑問は、

①なぜこのような大きなき裂（170 mm の側板中 140 mm のき裂）になっても最終破断に至らなかったか？

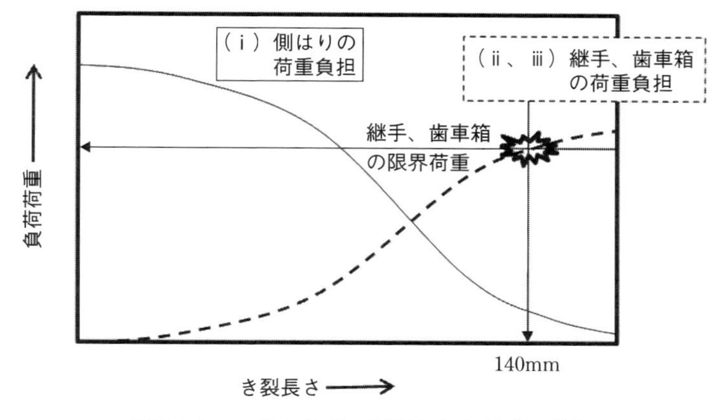

図 2.23　のぞみ台車で観察された異常の詳細

②この長さに成長するまでなぜ、10 年以上も要したのか？
であるが、これは複数の部材で構成された組み合わせ構造の場合、不静定問題(3.2 節参照）となり、1 つの部材がまずき裂発生等の損傷が起こると、この部材の剛性が低下して、この部材の負担過重が減少し、残りを他の部材で負担するという、負担過重の再分布が起こるからである。この経過を**図 2.23** に示す。つまり最初の第一破損である、（ｉ）の側はりき裂が発生すると、このき裂が成長するに従って側はり負担過重が減少し、それによって、（ⅱ）継手部および（ⅲ）歯車箱に余分な負荷、振動が加わり、発熱、焦げ臭、異音につながったと考えられる。従って、原因究明は、第一破損の側はりき裂の発生、進展の解明が中心となる。

〔原因究明〕

①側はりと軸ばね座を接合する際の隙間調節のために、板厚設計基準値 7 mm に対して 2.3 mm も薄い 4.7 mm まで削りすぎた（**図 2.24** 参照）との製造元の発表があり、重要原因の 1 つと考えられる。

②次に、そもそも溶接部は、4.4 節「溶接部の強度設計」で説明するように、余盛止端部と不溶着ルート部の応力集中部からき裂が発生し、進展、破断する。従って、本台車においては、図 2.24 に示すこれらの応力集中部の配慮、例えば

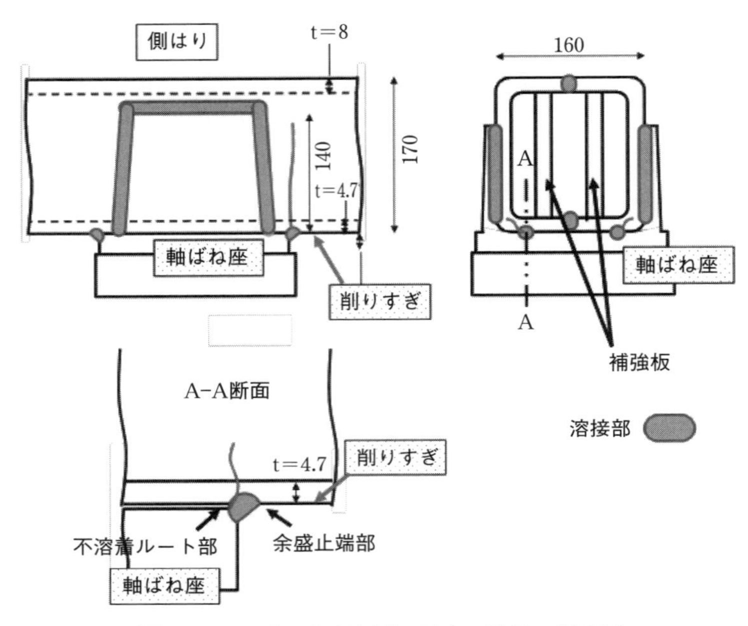

図 2.24　のぞみ台車き裂の発生、進展の概略図

余盛止端部においてはグラインダー仕上げ、不溶着ルート部においては十分な開先処理等がなされていたかが第 2 の重要原因となる。

(c) 対策

〔設計技術対応〕(4.4 節参照)

技術的には、まずは台車枠の構造解析（FEM 等 CAE）による、溶接部のマクロ的な応力の把握と、止端部の局所応力解析、ルート部の破壊力学解析に基づいた設計を行うこと。

〔組織対応〕

組織的な対応としては、0.5 mm 以上削らないという指示が、班長から作業者に明確に伝えられなかったというマニュアル的なミス、およびこの部位が重要部位と考えておらず定期検査されていなかった、等に対する対策が必要である。

しかし最も重要なことは、下記に示す 1 年半前の「東武鉄道台車き裂事故」

の反省が全く生かされておらず、台車溶接部位への安全認識が低いままだったことにある。設計現場に限らず、製造、保全現場の技術者全員が、同業他社の事故例に敏感であり、失敗に学ぶという姿勢が重要である。

(2) 東武鉄道台車き裂事故

(a) 事故状況

2016 年 5 月 18 日、東武東上線成増発池袋行き普通列車（10 両編成）が、12 時12分ごろ中板橋～大山間で前から5両目の車両の後輪が進行方向に脱線する事故が発生した。中板橋駅を出発してすぐ異常に気づいた乗客が非常ブザーを押したため、同駅から 400 m 余り走行したところで緊急停止した。同年 10 月 18 日に提出された中間報告書によると、この 5 両目の台車枠の側はりの側面下部からき裂が発生しており（**図 2.25** 参照）、このき裂の影響で各車輪の荷重分担が崩れ、脱線車輪が浮いたとしている。

定期検査は、4 年または 60 万 1 km 以内期間ごとの重要部検査、8 年以内期間ごとの全般検査があるが、今回のき裂発生部位は台車枠の構造、特性および

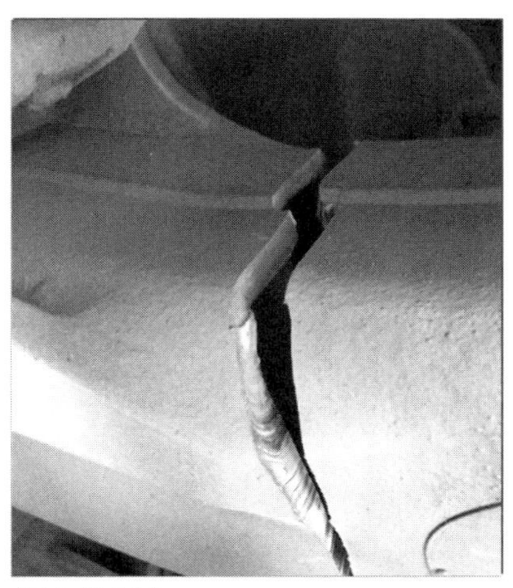

（国土交通省）

図 2.25　東武鉄道台車き裂発生写真

過去のき裂発生例がないことなど考慮して、検査対象部位とはしていなかったとしている。事故を受け、脱線した台車と同じ構造の台車、計 2,072 台車の緊急点検も実施したが、き裂は確認できなかったという。その後、き裂発生の原因究明が行われ、2017 年 10 月に国土交通省運輸安全委員会より調査結果が出された。それによると事故原因は、き裂が発生した台車の他部位および脱線した車両のもう 1 つの台車の溶接状態から、側はり下面と内部の補強板との溶接不具合がき裂発生に影響した可能性が考えられる、としている。

これまでの状況を総合して、この台車の 1989 年 10 月製造から、事故に至るまでの側はりき裂発生・進展、輪重の分担経過を**図 2.26** にまとめた。き裂はかなり早期に発生したが、前述の新幹線のぞみ台車と同様、き裂の進展に伴い、他の部材で荷重を負担することでき裂の進展速度は緩やかなものとなり、かつ各車輪の分担する輪重のバランスが悪くなり、そのうちの最低負荷車輪の輪重が、脱線限界輪重にまで低下したことから浮き上がり、脱線に至ったと思われる。この脱線限界輪重は、その後の解析で、この限界荷重は、き裂長さ 155 mm 程度で到達することが確認されており、事故時のき裂長さ 180 mm がよく理解できる。

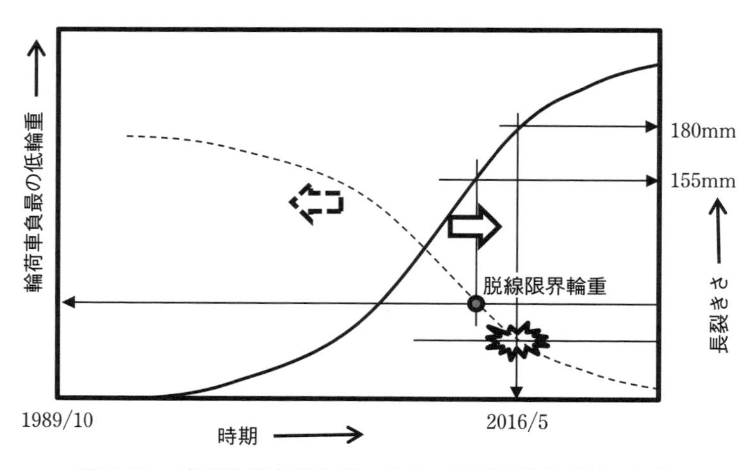

図 2.26　東武鉄道台車き裂の発生・進展と脱線事故の経過

当然ながら、事故の第一原因は、この側はりき裂の発生ということになる。

(b) 原因究明

この場合も、前述ののぞみ台車き裂と同様、余盛止端部と不溶着ルート部の応力集中部からき裂が発生し、進展したと考えられる（**図 2.27** 参照）。従ってこの場合もこれらの応力集中部の配慮、例えば余盛止端部においては、グラインダー仕上げ、不溶着ルート部においては十分な開先処理等がなされていたかが重要原因となる。4.4 節「溶接部の強度設計」を参考に願いたい。

(c) 対策

〔設計技術対応〕

技術的には、まずは台車枠の構造解析（FEM 等 CAE）による溶接部のマクロ的な応力の把握と止端部の局所応力解析、ルート部の破壊力学解析に基づいた設計を行うこと。

〔組織対応〕

組織的な対応としては、そもそも鉄道機器においての台車の重要性、溶接部の注意等の認識の欠如に対する反省が最重要。過去から新幹線に至るまで鉄道

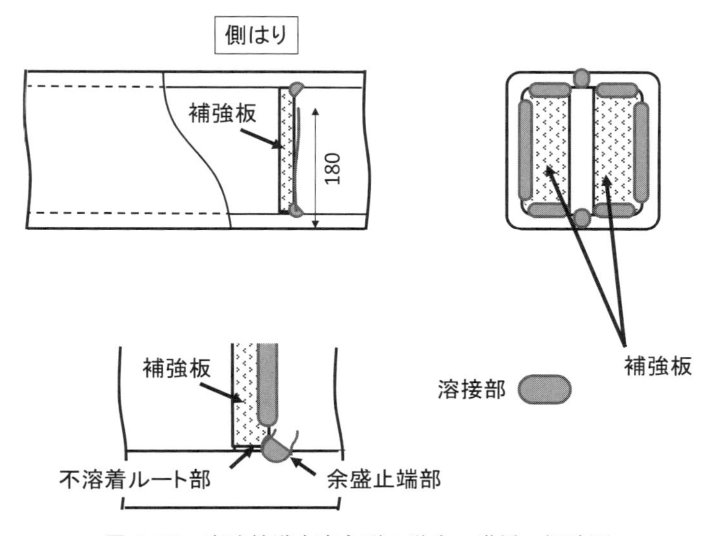

図 2.27　東武鉄道台車き裂の発生、進展の概略図

台車の溶接部は車軸と並んで最も危険な部位である[10)]。東武鉄道では、4年または走行距離60万kmを超えない期間ごとに実施する重要部検査や8年を超えない期間ごとに実施する全般検査で非破壊検査を行っているが、今回き裂事故のあった台車枠については重要部位とみなさず検査部位としてこなかった、という報告があり、技術・組織の総合的な問題といえる。

設計現場に限らず、製造、保全現場の技術者全員、さらには経営者側で、過去も含めた同業他社の事故例に敏感であり、失敗に学ぶという姿勢が重要である。

2-2　タイタニック、溶接船脆性破壊事故

(1) タイタニック号脆性破壊事故

(a) 事故状況

タイタニック号沈没事故は、イギリス・サウサンプトンからアメリカ合衆国・ニューヨーク行きの処女航海中4日目の1912年4月14日の夜から15日の朝にかけて、北大西洋で起きた。当時最大の客船であったタイタニック号は、4月14日の23時40分（事故現場時間）に氷山に衝突した時には2,224人を乗せていた。事故が起きてから2時間40分後の翌15日2時20分に沈没し、1,500人以上が亡くなった。これは1912年当時、海難事故の最大死者数であった（**図2.28**参照）。

事故直前、海面は波がなく静かで、他の船舶からの大氷山注意の伝達が不十分で、乗員乗客は氷山の警戒をしていなかった。23時39分に、監視員はタイタニックの進行方向に氷山があるのを見つけた。監視鐘を3回鳴らし、船橋に電話してその旨に知らせた。船長は、左舷一杯に（氷山を）回る」（“hard-a-port around [the iceberg]”）ことを指示するとともに、「全速後進」（“Full Astern”）をも告げた。結果的に、タイタニック号の前方は正面衝突を避けられたが、方向転換の影響で斜めに氷山にぶつかった。海面下にある氷山の下部が船の右舷を7秒間ほど擦り、氷山の上部から氷の欠片が剥がれて前方デッキ

図 2.28　タイタニック号氷山衝突、沈没事故時の状況

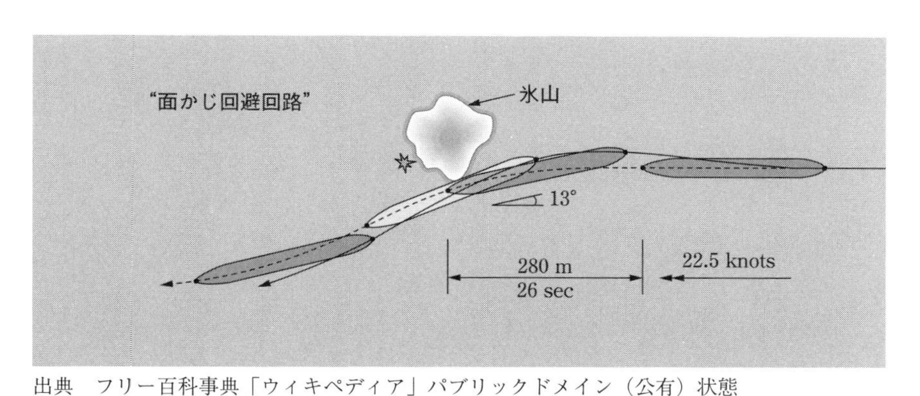

出典　フリー百科事典「ウィキペディア」パブリックドメイン（公有）状態

図 2.29　タイタニック号が氷山と衝突する際の航路
（点線が船首の経路、実線が船尾の経路）

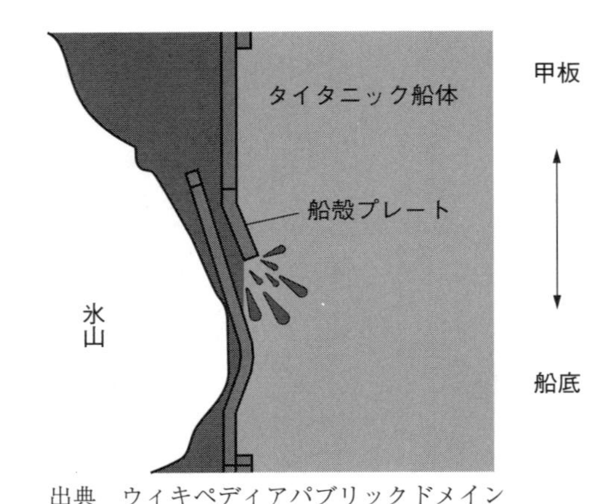

出典　ウィキペディアパブリックドメイン

図 2.30　氷山に衝突し、船殻プレート破損の状況

に落下してきた。数分後、タイタニック号の全エンジンが停止し、船は北向きでラブラドル海流に漂うことになった（**図 2.29** 参照）。

氷山の衝撃が船殻に大きな穴をあけたとこれまで長く信じられてきた。超音波を用いた残骸調査では、損害は 6 個の狭い穴で、全部の面積で 1.1〜1.2 m^2 くらいに過ぎなかったということが分かっている。裂け目長さは最大 12 m くらいで、船殻プレートに沿っていたようである。このことから、プレートを留めていた鉄のリベットが外れるか飛んで開いてしまい、狭い裂け目を作ってそこから水が入ってきたと想定される（**図 2.30** 参照）。

(b)　原因究明

〔リベットの脆性破壊〕[11)12)]

タイタニック号は当時の技術であるリベット接合で建造されていた。そのうち中央部の 60 % のプレートは軟鋼のリベットを 3 列に打ち込んで接合されていたが、船首と船尾のプレートには錬鉄のリベットが 2 列に打ち込まれていた。この 2 列のリベットは衝突の前ですら応力限界に近かったと考えられている。なぜならこのリベットは多数のスラグ巻き込みを持つもので脆く、負荷がかかった時や極度の寒冷時には脆性破壊する可能性がある。特に衝突で損傷した部位の近傍の引き上げ後の調査では、**図 2.31** に示すようにリベットは全体的に

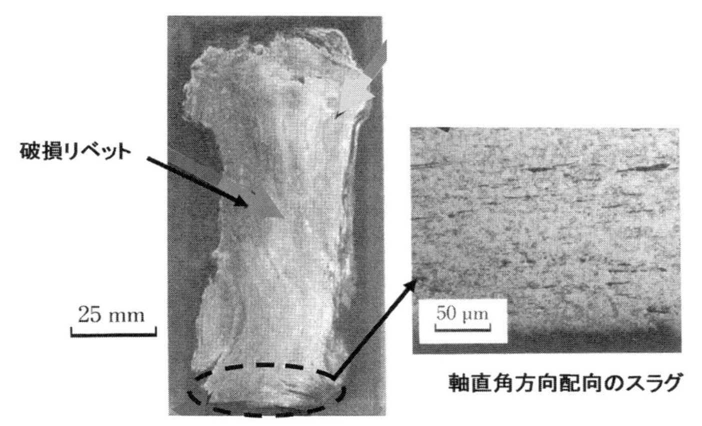

出典　1. 最新フラクトグラフィ各種材料の破面解析とその事例、テクノシステム、2010、446 頁　図 4
2. （原出典）Foecke, T., Metfallurgy of the RMS Titanic, NIST –IR 6118 (NIST), (1998)

図 2.31　破損リベットとその組織写真

ケイ酸スラグが多く、下端の頭が破損で失われた部分の近傍は、接合施工時の塑性流動で軸直角方向に配向しており、軸直角方向の延性、破壊靭性値が低く、かつ脆性遷移温度も高く、極低温の海域での氷山との接触で容易にリベットが破損したと思われる。

〔船体の破断〕

当時の最新巨大船が、氷山との接触でできたわずか 1.1～1.2 m^2 くらいの割れで、なぜ船体が真っ二つに割れ沈没に至ったかは、当時の技術者には大きな謎であった。その原因究明を事故の経過とともに解説する。

①タイタニック号の船体全体図（**図 2.32**）の損害を受けた箇所が、リベットの脆性破壊で生じた割れ目である。この割れ目はさほど面積はないが、水深の深い部分で、かなりの流速で海水は侵入したと思われる。

②そもそもこの船体は 16 のコンパートメントに区画されており、それぞれ実線で示す 15 の隔壁で仕切られていた。当初浸水は割れ目のある船首側 5 つのコンパートメントから起こったが、この隔壁の上端が閉じていなかったため、

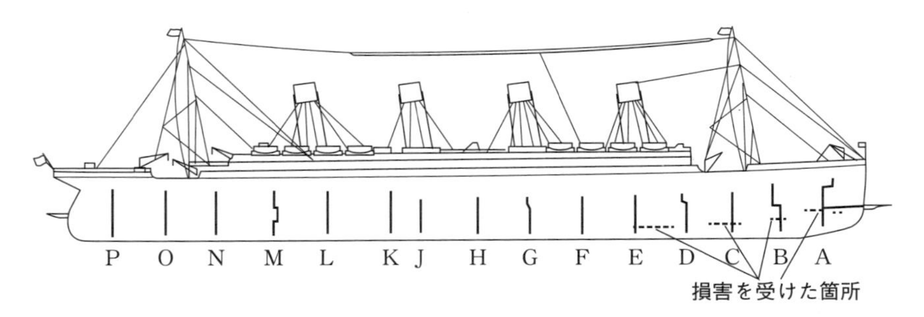

図 2.32　タイタニック号の船体と隔壁の配置状況
（実線が隔壁、全長は 120 m）

(a) 浸水の進行と傾き　　(b) 船尾の跳ね上がりと曲げモーメントによる破断

図 2.33　浸水の進行と、傾き、破断、沈没の状況

上端の隙間から順次隣のコンパートメントに海水が流れこみ、**図 2.33**(a)に示すように船首側が沈み込んだ。

③最終的には 30〜45° 傾いたところで、空中に跳ね上げられた船尾部分の自重による曲げモーメントが、船の構造上最も弱い場所であるエンジン室ハッチのあたりに集中し、図 2.33(b)に示すように真っ二つに破断した。そもそも船体は、海面上に浮いているものとして強度設計されており、このような片持ちはりのような曲げ負荷までは考慮されていなかったからである。

(c) 対策

〔設計技術対応〕(4.3 参照)

技術的には、まずリベットのスラグ欠陥が起因となった破壊靭性低下、遷移温度の上昇等を調べて材質を確保する。また、隔壁は上部までつなぎ隣からの水の流入を防ぐ船体構造とする（関連技術 4.3 節「リベット締結」参照）。

〔組織対応〕

巨大氷山多発中の注意を近くの航行船から受けていたにも関わらず船長に伝達されていなかった、救命具やボートが十分でなかった、などの組織的なまずさの情報はよく知られており、対応はここでは省略する。

(2) 溶接船脆性破壊事故

1942 年、米国は第二次世界大戦遂行のための国家プロジェクトとして、工数のかかる従来のリベット接合に変え、開発されて間もない溶接技術を用いた全溶接船（11,000 トン貨物船、リバティー船）の生産に入った。ところが 1946 年 4 月 1 日までに建造した約 5,000 隻のうち、1,000 隻程度にき裂が発生し、航行中に折損する事故も多かった。世間を最も驚かせたのは、そのうちの 1 隻「スケネクタディー号」が、43 年 1 月にオレゴン造船所で艤装岸壁に係留された状態で、突如大音響とともに真二つに破断したことである（**図 2.34** 参照）。その他にも 43 年 3 月にニューヨーク港外を航行中に真二つに折損したマンハッタン（Manhattan）号等、合計 7 隻が瞬時の折損事故を起こした。

(a) 原因究明

リバティー船の脆性破壊の原因については、鋼材の溶接性不良が主原因であ

出典　最新フラクトグラフィ各種材料の破面解析とその事例（テクノシステム、2010）、448 頁、図 5

図 2.34　全溶接船スケネクタディー号の脆性破壊事故

り、これに加えて応力集中あるいは溶接残留応力に対する認識が甘かったことからくる構造設計不良と溶接施行不良が二次的原因と考えられている。

(b) 対策

リバティー船の脆性事故を契機として、溶接性のよい鋼（溶接性鋼）が開発され、世界的に使用されることになった。低温切欠き靭性の金属学的な改善策、例えば低炭素化、脱酸元素であるMnとSiの添加等は、溶接割れの防止にも有効である。

一方、破壊力学の理論が脆性破壊の問題に適用され、工学における体系化が構築されるに至った。これは、欠陥やき裂を対象としてき裂先端の応力場の強さを応力拡大係数 K という力学パラメータで表示し、それが材料の破壊靭性 Kc を超えると破壊するという破壊基準をベースとした体系である。破壊力学の導入によって従来のシャルピー評価に比べ脆性破壊の定量的評価が大幅に向上し、鋼材への溶接の採用によって多発した20世紀の脆性破壊事故はこの材料改善、力学評価両面にわたる進歩により、現在では激減した（関連技術4.4節「溶接」参照）。

2-3　タービン発電機のフレッチング疲労破損

(a) 事故状況

1976年、英国で660 MWタービン発電機ローターのき裂事故が起こった。当初は軸振動の増大からローターの異常が疑われ、詳しく外観検査をした結果、ローター表面にき裂が観察された。このき裂の反対側から少しずつ切り込みを入れ2つに分断すると、き裂は**図2.35**に示すごとくローター断面のほぼ半分にまで進展していたことが分かった。この情報は世界各国の電力会社、重電メーカー設計者に脅威として伝わった。同時に各所で力学解析・強度評価等の研究がなされ、古くは鉄道車軸の設計者を悩ませたフレッチング疲労によるものではないかと推察されるに至った。

タービン発電機は**図2.36**に示すごとく、ローターとステーターよりなり、ロ

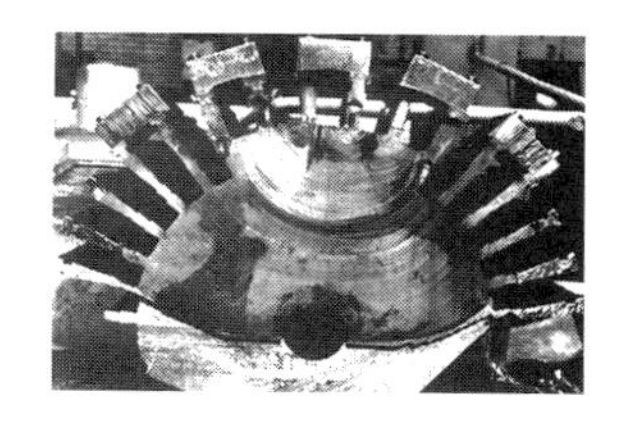

(a) タービン発電機ローター疲労破面全体

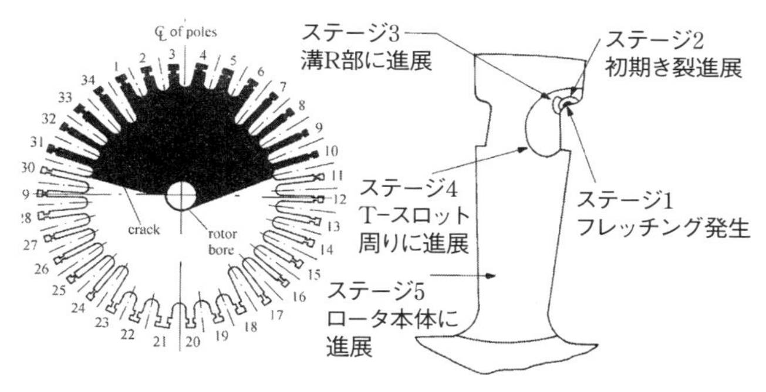

(b) フレッチングき裂進展状況

出典　破壊力学大系―壊れない製品設計へ向けて―（NTS，2012）169 頁，図 1

図 2.35　タービン発電機ローターのフレッチング誘起疲労破断の状況[19)]

ーターの断面は、**図 2.37** のごとく多数のスロットが形成されており、ここにコイルを入れて電極を構成している。ローター材は、一般に Ni–Cr–V 鋼が使われている。このスロット内でコイルが遠心力で飛び出ないようにウェッジで押さえられている。ウェッジ材には一般に炭素鋼が使われている。この場合、ウェッジは軸方向に多数に分断され、スロットは軸方向に一体となっているため、必ず**図 2.38** のように接触端、ギャップが存在し、ローターが自重で撓んだ状態で回転するとローターの 1 回転ごとにこの接触端で相対的なすべりおよびせん断力の集中が発生することになる。破面でも図 2.35(b) に示すように、ステージ 1、フレッティングき裂発生の位置、つまりウェッジとローターの接触端部に微小き裂が発生し、最初は非常にゆっくり進展し、長い時間をかけて進展し破断に至るというフレッチング特有の経過を示している。

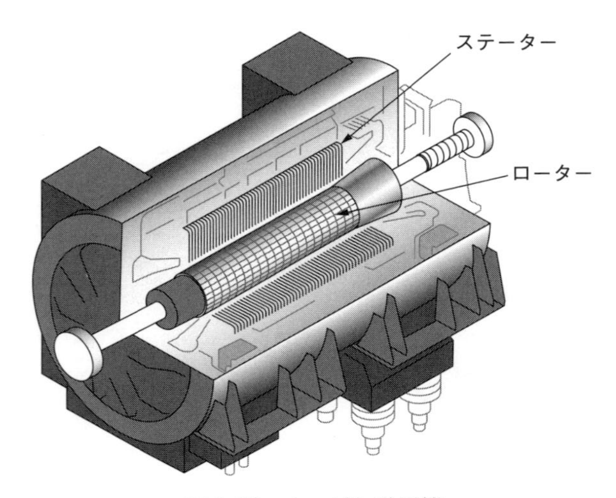

図 2.36　タービン発電機

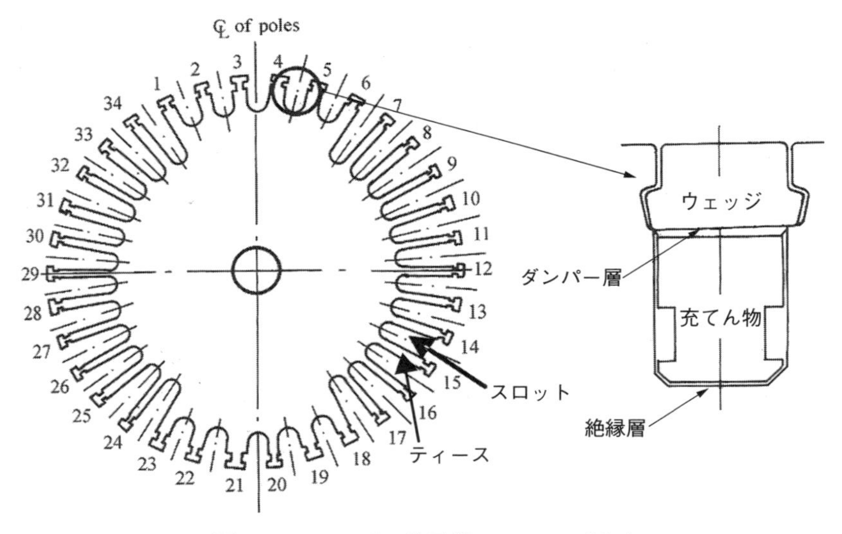

図 2.37　タービン発電機ローターの断面

この疲労現象は当時タービン発電機の設計技術者には想像もできないことであった。なぜならなぜ何年もかかってこのような大範囲のき裂が進展したのか、これは負荷応力が低い（応力振幅 10～20 MPa 程度）ことから説明できたが、

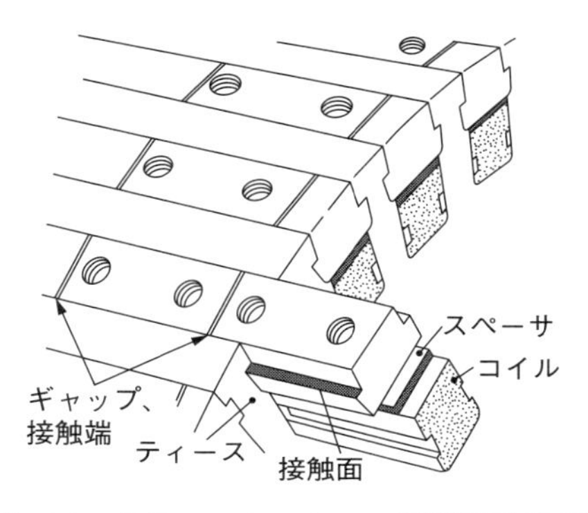

図 2.38　ロータスロット、ウェッジ間接触端ギャップ

それではどうしてこのような低応力でき裂が発生したのか。当時は、この接触条件下の応力解析が困難であったこと、フレッチング疲労強度の低下は単に応力のみでなく、酸化等の金属学的、化学的な因子が重要視され、定性的な解説と近似モデルを用いた疲労試験データに基づいて強度設計されてきたが、最近では、接触条件下の応力解析技術の進歩[13)]、破壊力学解析、応力特異場解析の進歩[14)～16)]によって、応力のみから相当精度よく強度予測できるようになった。以下ではこれらフレッチング疲労の全プロセスを考慮した強度評価法について述べる。

(b) 原因究明

図 2.39 に、そのフレッチング疲労プロセスモデルを示す。そもそも接触端には応力が集中して、き裂は発生しやすいが、この発生した微小き裂はこの接触端に働く高い接触面圧のために開口しづらく進展しないままある程度の寿命を費やすことになる。しかし、この接触端部にフレッチング摩耗が進展してくるとこの高い面圧集中が緩和され、この微小き裂も開口しやすくなりいよいよ進展し始め、長期間の稼働後に破損に至ることになる。

これらプロセスの詳細については（第 4 章 1 節）「フレッチング疲労」を参照願いたいが、大きくは応力特異場パラメータを用いたフレッチング微小き裂の発生の予測、この発生した微小き裂の摩耗の進行に伴いながらの進展を予測する必要がある。摩耗の進行に関しては Archard の式、き裂の進展に関しては破

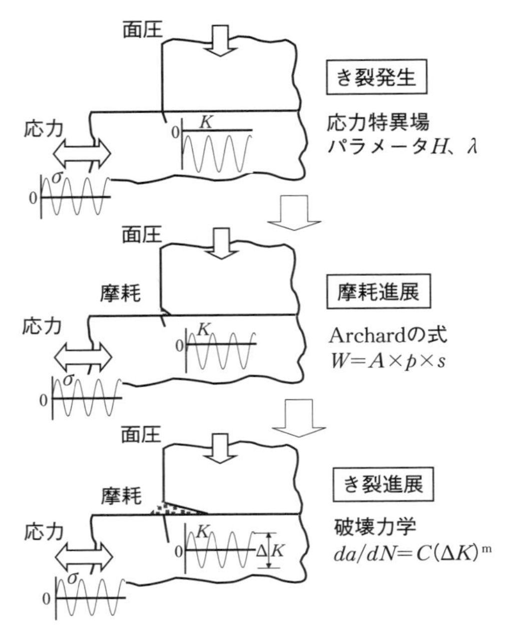

図 2.39　フレッチング疲労のメカニズム

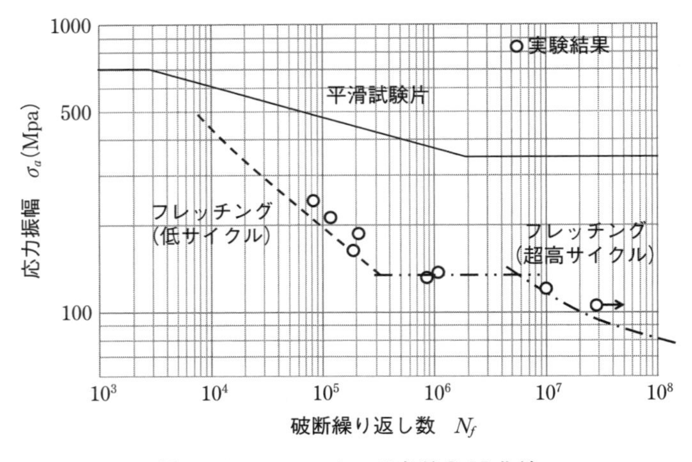

図 2.40　フレッチング疲労 S–N 曲線

壊力学を用いて詳細に解析した例[17]があるのでご参考に願いたい。

結果的には超長寿命の果てに、フレッチング疲労強度は先述の接触端でのき裂発生強度にまで下がることになり、フレッチング疲労条件下でのS–N曲線は**図2.40**のごとくなり、超超寿命域では一点鎖線のごとく低下続けることになり、実験室的に得られる10^7程度の疲労強度を用いて製品の強度設計を行うと失敗をすることとなる。このことは最近の運輸機器、産業機械の長期間使用・長寿命の傾向の中でフレッチング疲労での事故が顕在化している原因といえる。

(c) CAE対応技術（第3章2-1参照）[22)~28)]

これまで機械・構造物の強度設計に際して、フレッチング疲労が十分考慮されてこなかった原因としては、設計者が接触界面での力の流れについて十分認識してこなかったことが考えられる。接触面圧が100～200 MPa程度のように非常に高い場合には**図2.41**のように、この接触界面が溶接のように一体化されたものと考えると、フレッチング疲労の恐ろしさ、その対策も見えやすくなる。その視点からCAE解析を行うと強度設計がしやすくなる。

〔面圧の影響〕

平均面圧が100 MPa以上の高面圧条件でのフレッチング疲労強度予測では上記一体構造モデルを考えるが妥当であるが、それよりも低い面圧で、接触端部でのかなりのすべりが許されるようになると、接触端での応力集中も緩和し、疲労強度も向上することになる。**図2.42**は、Ck35V鋼の各面圧下の引圧負荷

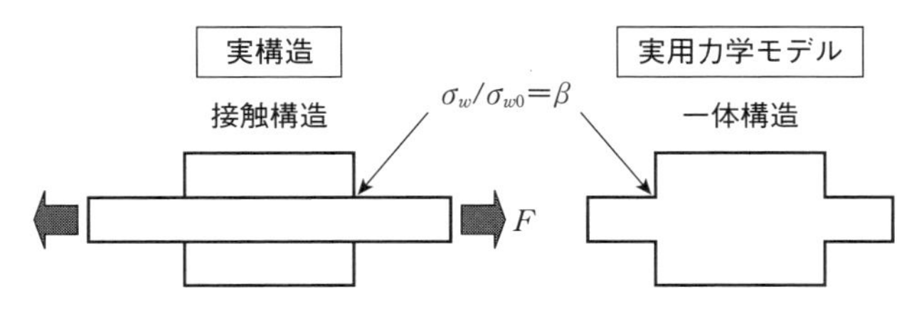

出典　事例でわかる 製品開発のための材料力学と強度設計入門
（日刊工業新聞社、2009）84頁　図4.10

図2.41　フレッチング疲労強度想定一体構造モデル

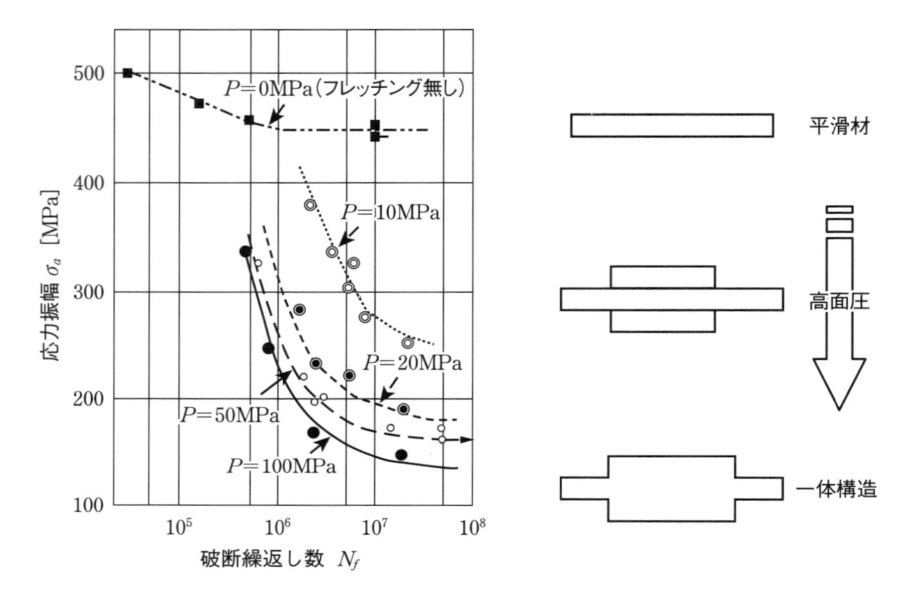

出典　事例でわかる 製品開発のための材料力学と強度設計入門（日刊工業新聞社、2009）85頁　図4.11

図 2.42　フレッチング疲労強度の面圧の影響（Ck35V 鋼）とマクロ構造モデル

下のフレッチング疲労強度を示す。平均面圧 10 MPa 程度では、平滑材から見かけ上の切欠き係数（疲労強度低下率）は 2.0 程度であるが、平均面圧 100 MPa 程度になると、切欠き係数は 4.0 程度になることが分かる。

いずれにしても、焼きばめによるトルク伝達能力等設計事項として必要な面圧が明確になっていれば、それ以上むやみに面圧を上げないことは、継手構造の耐フレッチング強度設計にとって重要なことである。4.1「強度設計事例」を参照願いたい。

〔接触端形状の影響〕

上記一体構造モデルを考えた場合、接触端形状の良否がよく見えてくる。**表 2.4** に、実構造とそれに対応した一体構造モデルの接触端部の形状を示す。まず一体構造モデルのみを比較すれば、単純な直角接触端を標準とした場合、右側にいけば応力集中が緩和して良好な形状になり、左側にいけば応力集中が上

表 2.4　一体構造モデルに基づく実接触構造体の良否

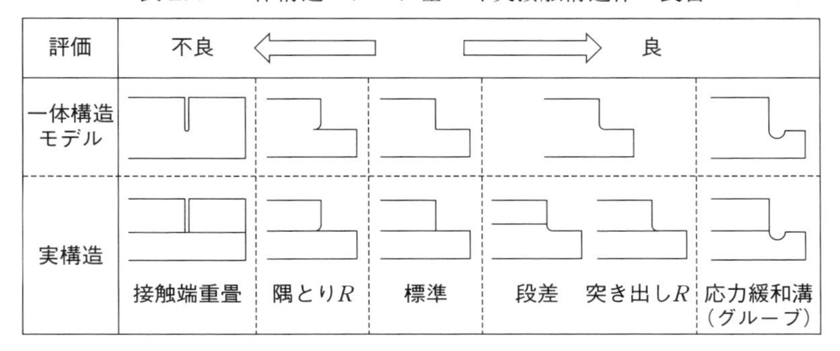

出典　事例でわかる 製品開発のための材料力学と強度設計入門（日刊工業新聞社、2009）85頁　図4.12

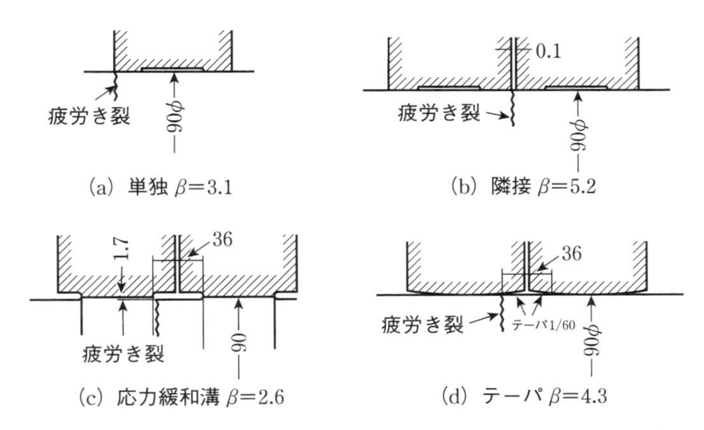

出典　事例でわかる 製品開発のための材料力学と強度設計入門（日刊工業新聞社、2009）86頁　図4.13

図 2.43　各種接触端形状の切欠き係数比較（車軸）[18]

昇して不良な形状になることが容易に理解できる。この一体構造モデルを素直に実際の接触構造に移し替えれば、接触端重畳は非常にまずい構造であること、従来より耐フレッチング構造として良かれと考えて取ってきた隅とりRの構造が実はあまり良くないことが分かってくる。対策としては、今までも結構使われてきた段差構造、突き出しR接触端、応力緩和溝構造が優れていることが確認されると思う。これらの考察は、**図2.43**に示す現在鉄道車軸の設計で見積もられている各種焼きばめ構造の切欠き係数の実験結果ともよく合っており、表2.4が定量的に裏づけられた結果として実際の設計に活用できる。

2-4　航空機ジェットエンジン動翼取付け部のフレッチング疲労破損

(1) サウスウエスト航空エンジン破損

(a) 事故状況-1

2018年4月17日、サウスウエスト1380便（機体；ボーイング737、エンジン；CFM56）が、乗員5名乗客144名を乗せて、ニューヨーク・ラガーディア空港から、ダラス・ラブフィールド空港に向け離陸、高度3,250フィート（9,520 m）でエンジンが破損し、窓ガラスが割れ、女性一人がその窓から吸い出されそうになり、死亡。エンジン破損から20分後にフィラデルフィア空港に緊急着陸した（**図2.44**）。

NTSB（National Transportation Safety Board）は、調査結果から事故原因はチタン合金製ファンブレードのルート部の疲労破壊と断定した。エンジンは

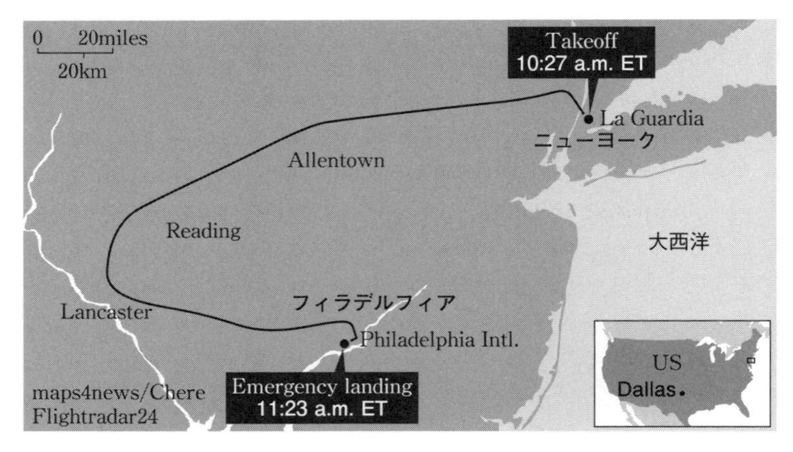

図2.44　サウスウエスト1380便の飛行ルート

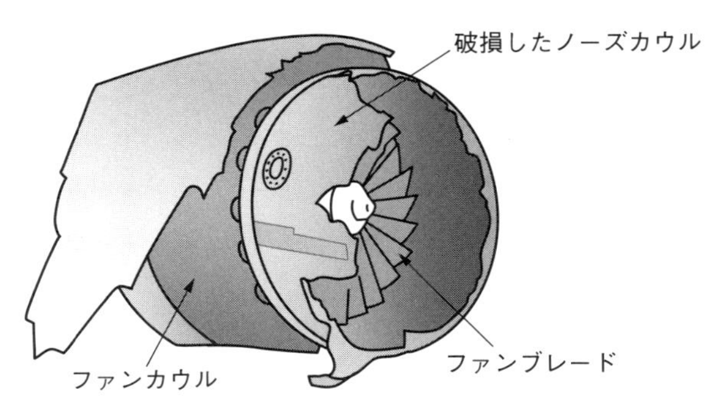

図 2.45 サウスウエスト 1380 便のエンジン（CFM56）ノーズカウルの破損状況

事故の 2 日前に目視点検したばかりだった

(b) 事故状況-2

2016 年 8 月 27 日、サウスウエスト WN3472 便（機体；ボーイング 737、エンジン；CFM56）が、乗員 5 名乗客 99 名を乗せて、9 時 10 分にニューオーリンズ空港からオーランド空港に向け離陸、高度 3,100 フィート（9,520 m）で飛行中に左エンジンのノーズカウルが損傷、脱落（破損状況は**図 2.45** と類似）。その一部が機体左側に衝突して孔（5 インチ×16 インチ）があき、客室与圧が低下した。9 時 40 分に航路途中のペンコサーラ空港に緊急着陸した。

(c) 原因究明

事故状況-2 の事故については、当初ファンブレード（Fan blades）やファンケース（Fan cowl）には異常がなく、単なるノーズカウル（Inlet cowl）が脱落しただけと報道されたが、その後 NTSB（National Transportation Safety Board）の調査により、ファンブレードの 1 枚がブレード付け根部（ダブテール部）で疲労破断したことが明らかにされた。**図 2.46** にジェットエンジンのファンブレードダブテール部の組立状況を示すが、ファンブレードの根元のダブテール部はローターディスク外周に掘ったスロットにはめ込んで組み立てられている。ブレード破断後、残されたダブテールの破面中の労破破壊の領域は、長さ 56 mm、深さ 12 mm であった。

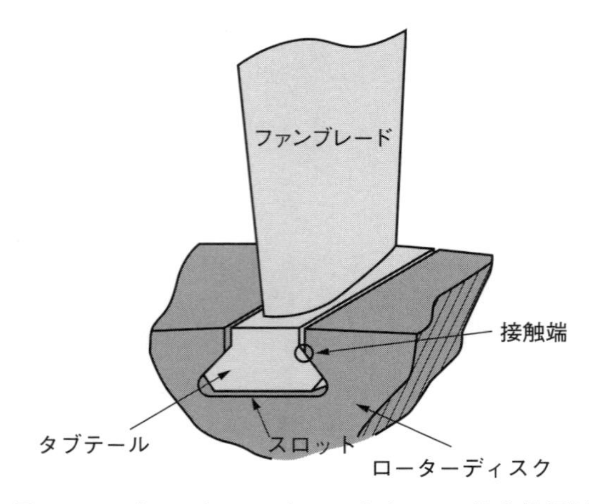

図 2.46　ジェットエンジンのダブテール組立状況例

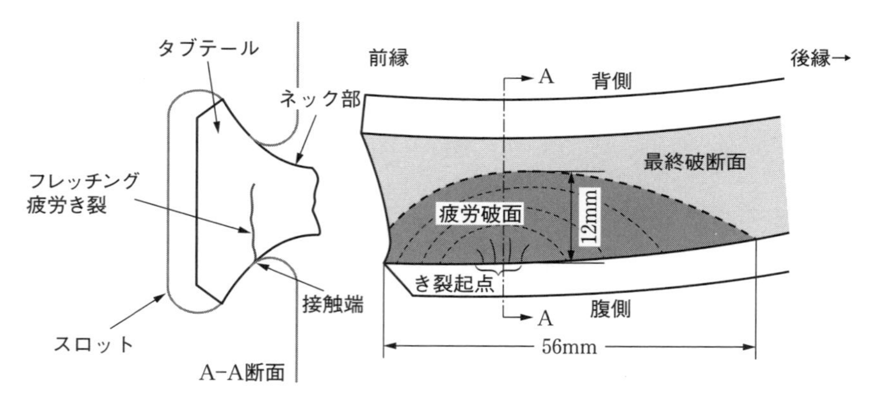

図 2.47　破損エンジン（CFM56–7B）タブテール部の疲労き裂発生進展状況

このブレード根元部において、チタン合金が使われた場合の破損で最も可能性が高いのがフレッチング疲労である。例えば**図 2.47** に見られる破損エンジン（CFM56–7B）タブテール部の疲労き裂発生進展状況では、疲労き裂が通常の応力集中部であるネック部からではなく、スロットとの接触端から発生しているのが特徴である（詳細は第 4 章 1 節「フレッチング疲労」参照）。特にチタン合金の場合、通常の応力集中部の疲労強度特性は、これまでの合金鋼を参考

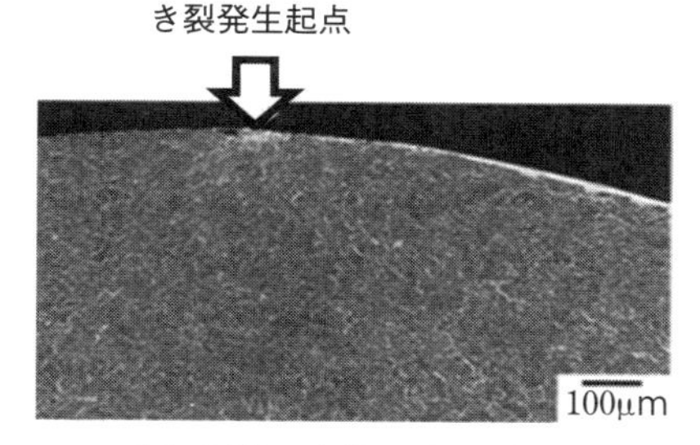

(a) 通常の疲労き裂発生起点

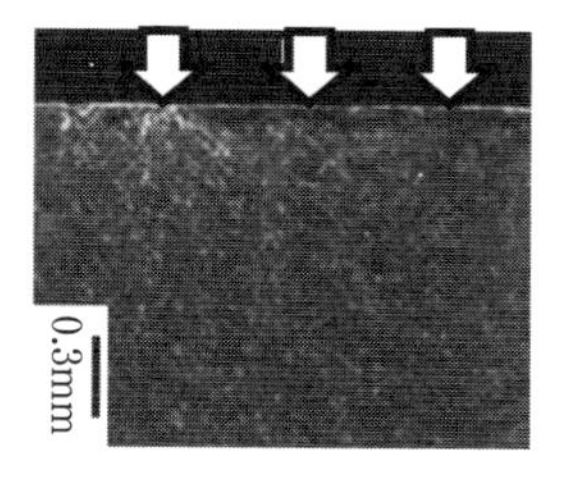

(b) フレッチング疲労き裂の発生起点

図 2.48　フレッチング疲労き裂発生起点の特徴[21]

に評価できるが、耐摩耗性、対焼き付き性等のトライボロジー特性は大いに課題があり[20][21]、このような接触端部のフレッチング疲労強度の低下をきたし注意を要する。例えば、Ti–6Al–4V 材（引張り強さ σ_B＝970 MPa、耐力 $\sigma_{0.2}$＝941 MPa）の R＝0.1 での平滑材の疲労限 σ_{w0}＝375 MPa に対して、接触面圧 P＝50 MPa でのフレッチング疲労限は σ_{wf}＝60 MPa と 1/6.3 にまで低下することが報告されており[21]、今回のファンブレードダブテール部のように遠心力が過酷で、面圧が 100 MPa を超えるような場合には、さらにフレッチング疲労限が低下すると思われる。このことがエンジンの強度設計に当初から考慮されていたかが大いに問題となる。この確認には、疲労き裂の発生点がネック部か、スロットとの接触端かの調査、および破面のき裂発生部位が通常疲労では、**図 2.48**(a)のように表面の 1 点からなのに対し、フレッチング疲労では図 2.48(b)のように、接触端に沿って幅広く発生進展する特性から判断できる。

(2) ユナイテッド航空エンジン破損

(a) 事故状況

2018 年 4 月 14 日、サンフランシスコ発ホノルル行きのユナイテッド航空 UA1175 便（プラット＆ホイットニー社製エンジン）のノーズカウルが吹き飛ぶ事故が発生した。これも当初、ノーズカウルの脱落という単純な固定ミスとの報道であったが、調査の結果、上述の事例と同様、損傷していないと思われていたファンケース（Fan cowl）の一部にブレードが当たって膨らんだ跡があること、ファンブレードの1枚が欠損、その隣のファンブレードは上部半分が欠けており、明らかにファンブレードの破損が第1原因となる、重要なエンジン破壊事故であることが分かった。

(b) 原因究明

先のサウスウエスト航空の両事故と同様、ファンブレード根元部（ダブテール部）のフレッチング疲労による破損と考えられる。ただし今回は、ファンケーシングに損傷が見られたこと、欠落したファンブレードの隣のファンブレードもその時の2次被害で損傷を受け半分欠落したしたことから、早期にファンブレード根元の破壊ということが明確にされたと思われる。

おそらく欠落ファンブレードの根元（ダブテール部）はローターディスクスロットに残っていると思われ、ここの破断面に疲労領域が存在すること、疲労の起点が、接触端部などの証拠が残されていると思われる。

(3) エールフランス航空 エンジン破損 A380

(a) 事故状況

2017年9月30日、パリ発ロスアンゼルス行きのエールフランス航空AF66便（エアバス社製機体；A380、GE社とプラット&ホイットニー社の合弁会社製エンジン；GP7200）が、乗員24名乗客496名を乗せ、高度35,000フィート飛行中にエンジン爆発が起こり、エンジンカバー（Cowling）が破壊・脱落した。

(b) 原因究明

今回のエンジン破損は、ファンブレード1、2枚とノーズカウルの破損・脱落ではなく、ノーズカウルおよびエンジンカバー（ファンカウル）の脱落、さらにはローターディスク含めてファンブレードすべてが脱落したという大規模な事故である。状況から見て、第一破損原因はファンブレードの破損、その結果のアンバランスが原因で、ファンブレード段のローターディスクごとの破断、両カウルの破損脱落につながったと考えられる。

そのファンブレード破損の原因として、当時の見解は大気汚染により酸性化した大気中を運行するとブレード表面のコーテイングが侵食されて、クラックが生じたのではないか等というものであった。しかし、最近のサウスウエスト航空機の事故で明らかになった、ファンブレードの根元部（ダブテール、クリスマスツリー）にフレッチング疲労が生じた可能性が濃厚になったと思われる。残された事故品は面の再調査に期待したい。

エンジン軽量化を図り、ブレードの軽量化を進めると機械的強度が損なわれる。大気汚染で酸性化した大気中を運行するとブレード表面のコーテイングが侵食されて、クラックが生じるケースが報告されている。

(4) 航空機エンジン全体の対策

〔設計技術的対策〕

・エンジンの空力的性能向上、燃費向上のために、ローター、ブレードの軽量化、高速化の要求が高く、ファンブレードへのチタン合金の採用が進んでいる。このような新素材を採用する場合の注意点としては、設計基準項目として、従来の材料、例えば合金鋼での基準項目の単なる延長としてとらえるのみでは不十分で、新素材特有の項目、この場合は耐摩耗性、耐焼付き性等のトライボロジー特性への配慮が必要となる。そうすると、従来ほとんど検討されてこなかったファンブレード根元ダブテール部のフレッチング疲労に関してもおのずから設計基準項目に入ることとなり、事故は防げる。

・もう 1 点は、同様な重大エンジン事故が 4、5 件起こっているにも関わらず、毎回単なるノーズカウルの脱落と判断されてきた認識に問題がある。しっかりと過去の失敗を直視し、そこから真の技術課題を見つける設計者姿勢が重要。

〔組織的対策〕

上記一連の航空機エンジン事故増加の背景には、最近の LCC で表面化してきた採算性の圧力がある。つまりエアライン同士の競争が激しくなり、エンジンメーカーに燃費低減の圧力がある。またエンジンの整備を委託に頼るエアラインがほとんどで、業務委託の管理が徹底しなくなっている人災的因子も見逃せない。採算性は運行時間が長いほど、すなわち飛行時間が長いほど良くなるため機体、特にエンジンへの整備時間短縮の負担は増加する一方である。

5年ごとのオーバーホールで、タービンブレードは徹底的に検査されるが、現在の飛行スケジュール（特にLCC）の積算飛行時間を考慮すれば、1年ごとの定期点検における内視鏡検査だけでは不足している。また委託企業がエンジンメーカーの検査基準と同等である保証はない。採算性と安全性を秤にかけるような状況が続けば、事故率がどこかで急激に上昇する恐れがある。

2-5　蒸気タービン動翼取付け部のフレッチング疲労破損

(a) 事故状況[29]

2000年6月15日、定格出力一定運転中の中部電力㈱浜岡原子力発電所5号機（138万kW）で、「タービン振動過大」警報が発報し、原子炉が自動停止した。それから4日後に点検を実施したところ、低圧タービン(B)の第12段動翼840枚のうち663枚が損傷し、うち1枚が車軸から脱落してタービン下部に落下していることを確認した（**図2.49**参照）。その後低圧タービン(B)の脱落した段と同じ段の羽根等について、車軸から外して外観目視確認を行ったところ、羽根のフォーク状の取付け部に多数の折損、き裂を確認した（**図2.50**参照）。

さらに、浜岡5号機と同型式である北陸電力㈱志賀原子力発電所第2号機の蒸気タービンについても羽根の点検を行った結果、低圧タービン(B)の外側から3段目（第12段）の15本の羽根のうち2本の羽根においてフォーク状の取

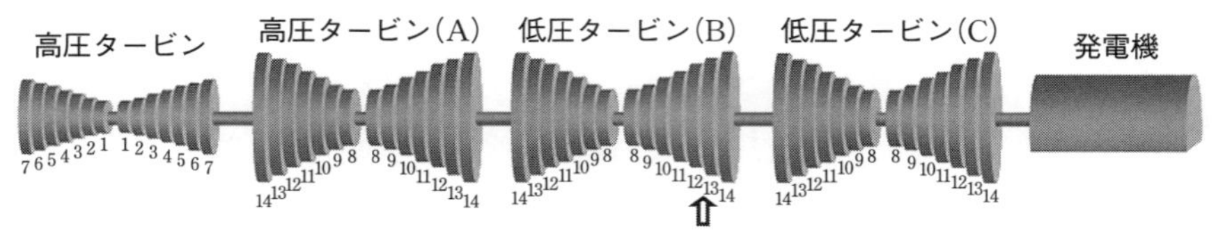

図2.49　中部電力㈱浜岡原子力発電所5号機（138万kW）の高圧/低圧タービンの概略図

付け部にき裂を確認した。

(b) 原因究明

一般に、軸流タービン翼の静的負荷（遠心力、定格流体負荷）は、性能設計から正確に求められるもので、このような翼取付け部の準静的強度設計（起動/停止の低サイクル疲労設計）は、**図 2.51** に示すごとくピンのせん断応力、$\tau_P = F/A_P$、あるいはフォークのピン孔間最小断面積応力、$\sigma_F = F/A_F$ をそれぞれの材料 Cr–Mo–V 鋼あるいは 12Cr–Nb–N 鋼の低サイクル疲労強度 τ_W ($N_f = 10^4$)、または σ_W ($N_f = 10^4$) と、安全率 $S_f = 1.4$ 等を用いて強度設計するのが基本であった。

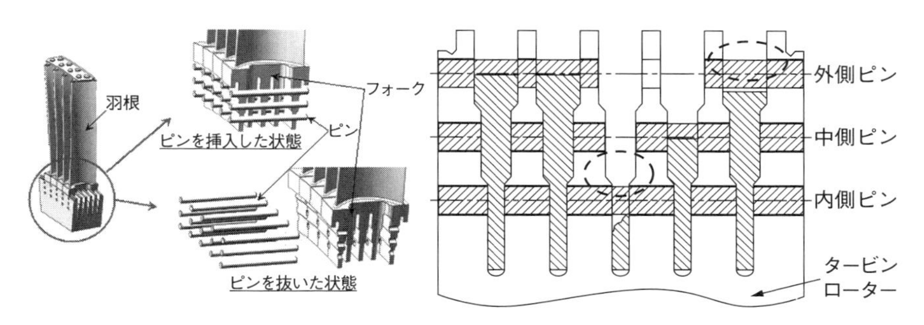

図 2.50　動翼取付け部のフォーク/ピン構造と折損、き裂の状況

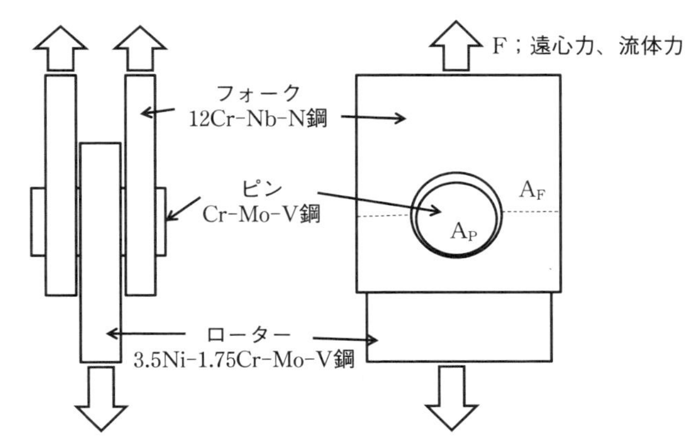

図 2.51　翼取付部の準静的強度設計（起動/停止の低サイクル疲労設計）

〔非定常流体加振力〕

本事故の負荷側の原因としては、まず非定常流体加振力が指摘された。対象部位の部分負荷での非定常流体加振力については、翼取付け部のミクロなすべりによりエネルギーを吸収するダンパーの効果を期待しながらの設計としていたため、なかなかシミュレーションのみでは正確な予測ができず、従来の経験の延長として設計するか、泥臭くモデル実験でその都度確認していたのが現状である。今回のトラブルには近年のシミュレーションの高度化に頼りすぎたことに原因があったのではと指摘されている[30]。つまり高度流体シミュレーションにより、各部分負荷時各段動翼にどのようなランダム振動が起こるか、あるいは発電機負荷遮断時にどのようなフラッシュバック振動が付加されるかは解析できる。しかしこの流体負荷から問題ピン/フォーク取付け部の応力解析に進むには実働稼働中の摩擦係数、摩耗状況等が正確に予測、あるいは実測していなければ正確な強度評価ができないということである。特に流体効率向上のために、回転速度が上がる、遠心力が高くなる、面圧が高くなる、材料を替える……等の変更があったときには、過去の経験の延長のみでは大いに問題となるわけである。この接触構造の強度評価面からの見方を以下に示す。

〔フレッチング疲労〕[18),24)〜28)]

当然であるが遠心力負荷時のピンとフォーク（ピン孔）の接触は図2.51の模式図の示したように局部的な接触となる。またこの場合、翼質量9 kg、回転速度1,800 rpm（周速1,220 km/h）でのとてつもない遠心力（約600 kN）の負荷下では、この接触界面は通常の摺動状況ではなくほとんどがすべれない固着状となっており、その接触端部には前項の図2.48に示したプロセスでフレッチング損傷が起こる。この場合の強度解析上の構造モデルの見方は表2.3に示すような一体化モデルが参考になる。この場合ピンとフォークの接触部は、**図2.52**のような擬溶着状態となり、ピンとフォーク孔の隙間は擬似欠陥となり、この接触端部からフレッチング疲労き裂が容易に発生することが推察できる。

これらの考え方は、事故調査で行われた破面のマクロ解析で、破断部位が孔の下部で起こっていること、破面のミクロ解析での疲労き裂進展状況からも推

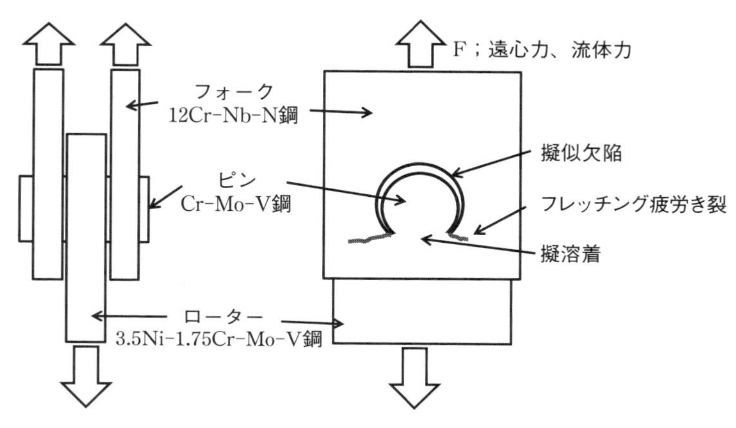

図 2.52　翼取付部の高面圧接触考慮構造モデル（フレッチングモデル）

察できる。ここで、当初の事故状況の図 2.50 に戻って事故解析の初動の重要性を考えるに、この図の右部の 5 か所の破断部を見た場合、事故の第一原因として ⬭ で囲んだ 2 か所の接触下部での破損に目がいくよう強度屋の目を磨いていただきたい。他の 3 か所の破面は、2 か所が破損してからの荷重配分の増大による静的破壊（ディンプル破面）と考えられる。これは 2 次被害であり、事故解析上重要性は劣る。

〔CAE、FEM 解析法〕

前項と同様面圧がある程度高い接触問題、フレッチング疲労解析は一部上述したようにまずは一体モデルを用い、この接触端部の応力集中、応力特異場評価を行うことになる。これについては第 4 章 1-4 節を参照願いたい。

2-6　新幹線モータ取付けボルトのゆるみ事故

(a) 事故状況[31)]

1992 年 5 月 6 日午後 1 時 16 分、新大阪発東京行ひかり 238 号（同年 3 月に投入された新型 300 系のぞみ型車両）が、名古屋—三河安城駅のほぼ中間地点を時速 190 km で走行中、7 号車両の床下にあるモータを固定している 4 本のボルトのうち3本がはずれたことからモータが振動し、モータとつながっている駆動装置の一部が破壊され、吹き飛んだ部品がブレーキやドア開閉の動力源として使われている圧縮空気を通すゴムホースを切断したため緊急停止し、4時間立ち往生した。

事故の起点であるモータ取付け部の事故状況は、**図2.53**、**図2.54**に示すが、モータは上下各2本の取付けボルトで台車に締結されている。事故時は上2本と1本が脱落、破断したものの残った1本のボルトでかろうじてつながった状態で、最終的にモータの突起が車軸にのしかかっていたと考えられている。

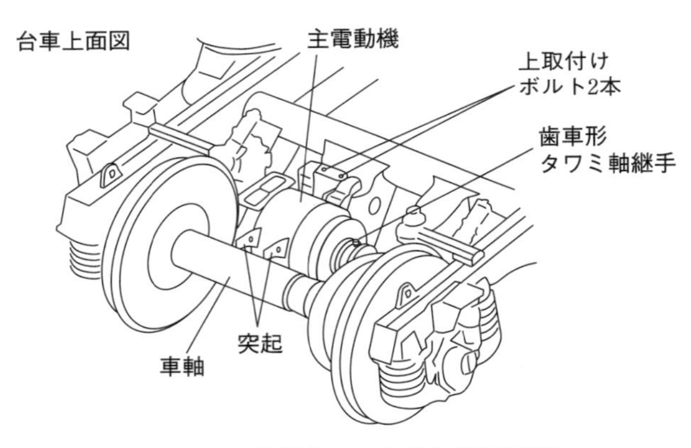

図2.53　新幹線モータ取付状況外観

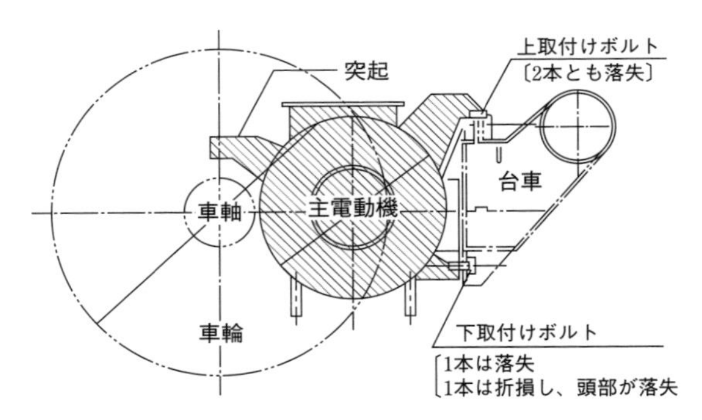

図2.54　新幹線モータ取付状況側面図

（b）原因究明

当初 JR 東海は、事故機ではボルトを締め忘れていたとの見解であったが、その後締付け不足が原因であったと修正。最終的には、JR とメーカーの統一見解として、「モータ取付けボルトの座面に塗料が厚く塗られ、この塗料が未乾燥の状態でボルトを締め付けたため、塗料が乾燥した後、ボルトと座面間に隙間が生じ、その後の振動で抜け落ちた」としている（**図 2.55** 参照）。しかし現実問題として、締付け器具を用いて、25～30 kN-m という、大きなトルクで締め付けられた場合の座面界面の未乾燥塗料はすべて押し出されると考えるのが妥当であろう。

（c）対策

〔軽量化による、振動増加、十分な耐久性試験の必要性〕

そもそも新型 300 系のぞみ号車両は、270 km/h という画期的な速度を、車体のアルミ化による 30 % の軽量化で達成したもので、鉄道史上初の挑戦に対して、設計から検証試験までのスケジュールが不十分との指摘もある。今回の事故の 1 か月前に、同種車両のダンパー取付けボルトが脱落する事故があったことを

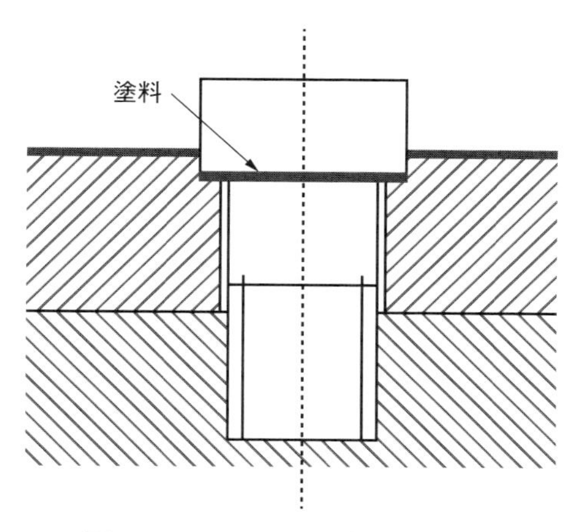

図 2.55 ボルト座面塗料塗布状況

踏まえれば、今回の事故は単なる製造現場でのミスという軽いものではなく、開発プロセス、設計技術にもっと奥深い問題があると考える必要がある。1つは軽量化による車両全体、個々の部品の振動の増加、締結部への動的負荷の増加が考えられる。3月の営業線投入後1か月、2か月でこのような類似事故が連続している以上、上流側にさかのぼっての原因究明が不可欠である。

〔異種材料採用による力学解析の見直し〕[32)]

今回のようなアルミ化に際して先述の軽量化、振動増加以外に特に注意を払わねばならないことは、力学解析、設計基準の見直しである。それは、被締結体が鋼の場合と比べてボルトの負担負荷が増大することである。このメカニズムは、この内力係数の概念が身についていれば**図 2.56** に示すごとく容易に予測できる（第4章4.2節参照）。身近にアルミ等を用いて軽量化を行った例がある場合には、是非そのねじ締結部の内力係数の算出、疲労強度評価、ボルトサイズの見直しをしていただきたい[33)～50)]。

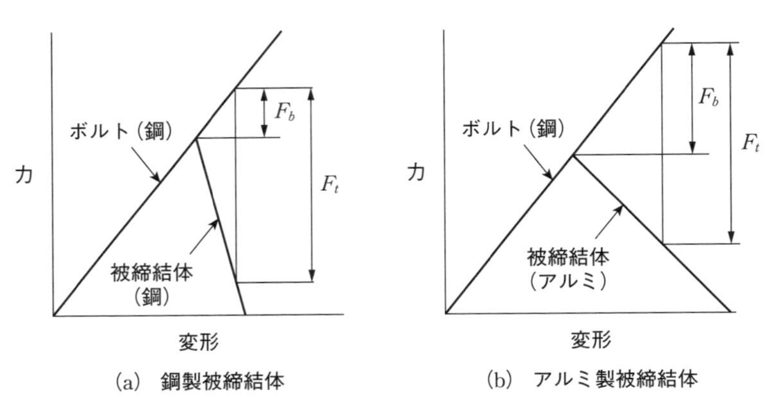

出典　事例でわかる 製品開発のための材料力学と強度設計入門（日刊工業新聞社、2009）94頁　図4.29

図 2.56　被締結体のアルミ化による、ボルト負担荷重の増大

2-7　超電導リニアモーターカー地上コイルねじ締結（開発経過）

(a) 開発状況[47)]

東海道新幹線は開業した1964年（昭和39年）から、すでに54年以上が経過し、軌道環境の劣化は避けられず、乗客増強対応、保全対策、災害時の対応等から新しい鉄道幹線の開発が必要となり、JR東海は**図2.57**に示す中央リニアモーターカーの開発を進めている。現状、図のCルートで2027年完成が予定されている。

中央リニアの原理である超電導磁気浮上リニアの開発は、旧国鉄時代の宮崎実験線の建設（1974年；昭和49年）から開始され、1979年（昭和54年）には、ML–500にて517 km/hと当時の世界最高速度を達成致した。その後種々の改良を加え、その成果は1990年（平成2年）からの山梨実験線へと引き継がれている。山梨実験線では、18.4 kmの区間が完成した段階で、1997年（平成9年）4月から第一期走行試験が開始され、1999年11月世界初の地上輸送機器の相対速度1,003 km/hの高速すれ違い走行を達成した。現在さらなる区間延長をはかり、さらなる長期耐久性の検証、メインテナンスも含めた低コスト化の開発を進めている。

超電導磁気浮上リニアは、車上側の超電導コイルと地上側の常電動コイル間

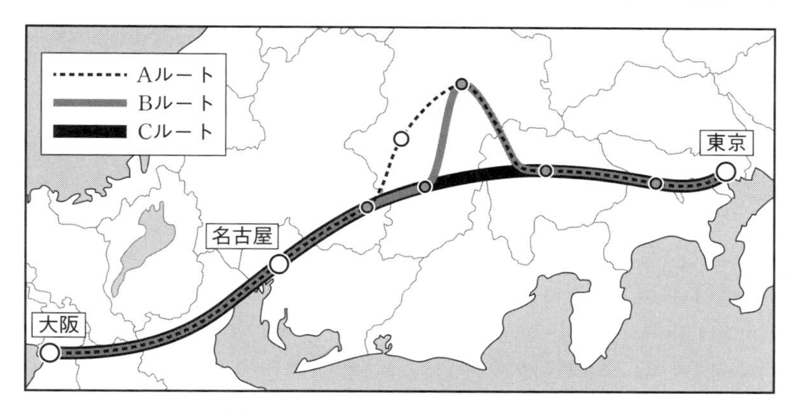

図2.57　中央リニアの概略ルート

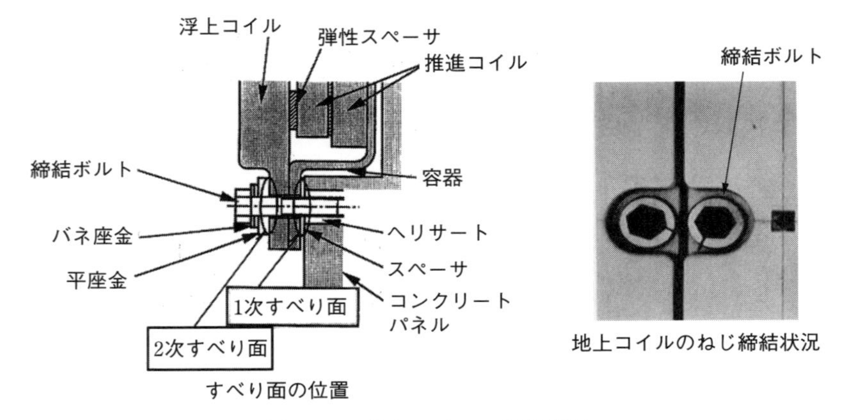

図 2.58　地上コイルの締結状況

の電磁力を利用して浮上・推進・案内を行い走行するものであるが、ここでは、この地上コイルのコンクリートパネルへの締結構造の開発途中での技術課題、解決技術について説明する。地上コイルは推進コイルと浮上コイルが2層となり、それぞれボルトで**図 2.58** に示すようにコンクリートパネルに取り付けられている。

推進コイルも浮上コイルもアルミ導体をコイル状に巻き、樹脂で成形しています。推進コイルは電気的な絶縁と機械的な強度を、浮上コイルは主に機械的な強度を要求されるため、それぞれ、エポキシ樹脂、ガラス繊維で補強した不飽和ポリエステル樹脂を使っている。

(b) 課題と対応技術（4章 4.2 参照）

〔軸直角方向負荷[48)〜50)]〕

図2.58に示す締結ボルトには、浮上力と推進力の合成力がボルト軸直角方向に、案内力がボルト軸方向に加わるため、**図 2.59** のそれぞれの負荷に対応したゆるみ、疲労強度評価をすることとなる。軸方向負荷に対しては、「2–6　新幹線モータ取付けボルトのゆるみ事故」で説明したので、参考に願いたい。ここでは、軸直角方向負荷に焦点を当てて説明する。

当初、まず初期締付け力 F_S と摩擦係数 μ をかけた摩擦力が軸直角方向の負

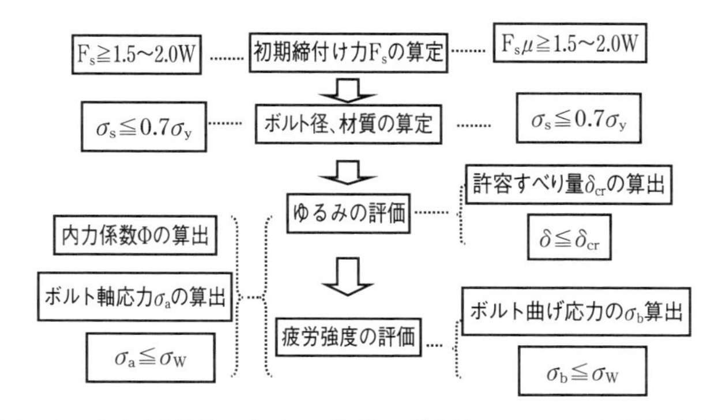

図 2.59　ねじ締結体に加わる負荷の種類とゆるみ、疲労強度評価

荷 W（浮上力と推進力の合成力）の 1.5～2.0 倍程度にとるボルト設計でいいと考えていた。

$$F_S\mu = 1.5 \sim 2.0\,W \tag{6}$$

しかし、環境耐久性評価の段階に入って、四季、昼夜、走行時等の温度差、発熱で、アルミ導体および樹脂で成形されたコイルと、コンクリートパネルの熱変形差に対する評価が必要になってきた。この評価に対して(6)式を採用すると、かなり大きな初期締付け力が必要となり、それを実現すると、コイルの内部や表面に破損が生じることが判明した。従ってゆるみを起こさない範囲内でのすべり許容設計が必要となった。以下にその概要について詳述する。

〔すべり挙動とゆるみ限界すべり量〕

ねじ締結体に軸直角方向の負荷が働く場合、**図 2.60** に示すごとく以下の 2 つの接触面でのすべり、

すべり面Ⅰ；被締結体 A（浮上。推進コイル）と、被締結体 B（コンクリートパネル）間

すべり面Ⅱ；ボルト頭と、被締結体 A（浮上。推進コイル）間

が考えられる。

詳細は、4.2 節を参照願いたいが、すべり面Ⅰですべっている領域では、緩

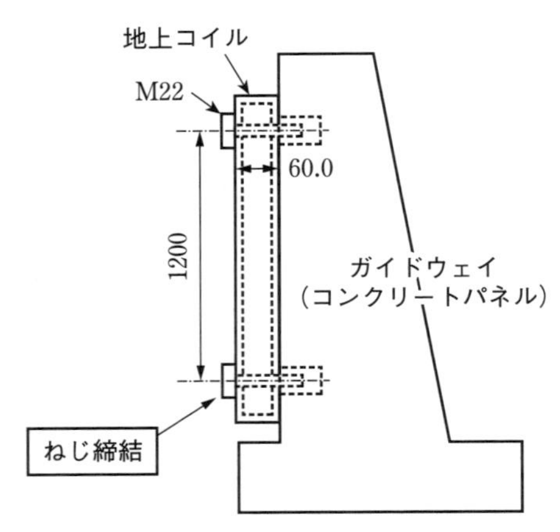

出典　事例でわかる 製品開発のための材料力学と強度設計入門（日刊工業新聞社、2009）105頁　図4.49

図2.60　超電導磁気浮上リニアモーターカー地上コイル締結状況（模擬）

みは発生しないが、すべり面Ⅱでもすべりが発生するとボルト頭の回転が誘発されゆるみ始めることとなる。その限界すべり量S_{cr}は下の4.2節(22)式で示される。

$$S_{cr}=2\left\{F\mu\left(\frac{l_g^3}{3EI_g}+\frac{l_p^3}{3EI_p}+\frac{l_g l_p l_n}{EI_g}+k_{wh}l_n^2\right)-M_n\left(\frac{l_g^2}{2EI_g}+\frac{l_p^2}{2EI_p}+\frac{l_g l_p}{EI_g}+k_{wh}l_n\right)+M_n k_{wn} l_n\right\} \quad 4.2\text{–}(22)$$

S_{cr}：許容限界すべり量

F_s：ボルト初期締付け力

μ：ボルト頭と締締結体間の境界面の摩擦係数

F_r：ボルトの横荷重（限界値＝$F_s\mu$）

k_{wh}：ボルト頭と被締結体（地上コイル）との接触座面の曲げコンプライアンス

k_{wn}：埋込み雌ネジ部（ヘリサート）と被締結体（地上コイル）との接触座面の曲げコンプライアンス

M_n：ナットの抵抗曲げモーメント

E：ボルトの弾性率

I_g、I_p：ボルトの各断面積の慣性モーメント

α：ねじ山の半角

d：ボルトの呼び径

d_p：ボルトの谷径

d_2：ボルトの有効径

(c) 設計事例（模擬）

超電導リニアモーターカーシステムの地上コイルの模擬的な例を、図2.60に示す。基本的にはコンクリートパネルに地上コイル（推進・浮上・案内コイル）を、ステンレス鋼製ボルトで締結する構造となっている。このねじ締結が、コンクリートパネルの熱膨張率と地上コイルの熱膨張率の差によるすべりの繰返しにより緩まないかの検討に、上記ゆるみ限界すべり量 S_{CR} の計算を適用する。模擬条件として図2.60の寸法等を仮定する。

ボルトサイズ：M22、首下締結長さ l：60 mm、ボルト間距離 L：1,200 mm、コンクリートの熱膨張率 α_G：12.0×10^{-6}、地上コイル（アルミが主）の熱膨張率 α_C：16.8×10^{-6} として、四季、昼夜、走行による最大温度変動 ΔT：60 ℃とする。

〔稼働中の最大すべり量 S〕

$$S=L\times\Delta\alpha\times\Delta T=0.35\ \mathrm{mm}$$

〔ゆるみ限界すべり量 S_{CR}〕

4.2節の式(22)を用いて計算するが、ここで k_{wn}、k_{wh} および M_n 等は4.2節を参照願いたい。この関係を用いてゆるみ限界すべり量 S_{CR} を計算すると、ボルト締付力 F_S と、S_{CR} の関係は、**図2.61** のごとくなり、上記稼働中の最大すべり量 S を満足するためには、初期締付力 F_0 を、19 kN以上必要であることが分かる。

上述は一般のボルト形状で評価したものであるが、この限界すべり量を大きくする対策として、ボルトの軸部の径を補足する伸びボルトの活用が考えられ

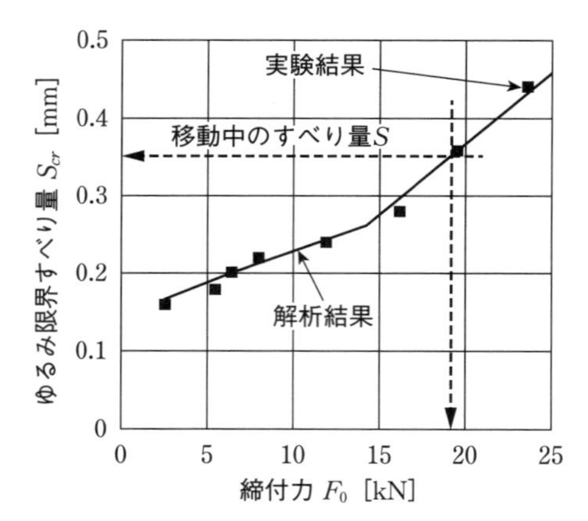

出典　事例でわかる 製品開発のための材料力学と強度設計入門（日刊工業新聞社、2009）105頁　図4.51

図 2.61　ゆるみ限界すべり量 S_{CR} と締付力 F_0 の関係

る。

2-8　日航ジャンボ旅客機隔壁の破損事故

(a) 事故状況[51〜53]

1985年8月12日、日本航空123便羽田発大阪行B−747型機が離陸12分後、高度7,200 mに達した辺りで後部圧力隔壁の破壊とそれに伴って生じた垂直尾翼構造の破壊により姿勢制御が不能となり、およそ32分間の迷走飛行の後、群馬県上野村御巣鷹山に衝突した。航空機の単独事故としては世界最大規模のものとなった。その事故時の飛行経路を**図 2.62** に示す。

(b) 原因究明

事故の直接的原因は機体後部圧力隔壁の破壊であり（**図 2.63** 参照）、大量の高速の空気が流出し、圧力隔壁の後ろにあった集中油圧制御装置と補助エンジン（APU）を破壊し、さらに垂直尾翼のボックスビーム（尾翼に作用する曲げ・ねじり荷重を支える箱型重要構造）を破壊したため、垂直尾翼構造のほと

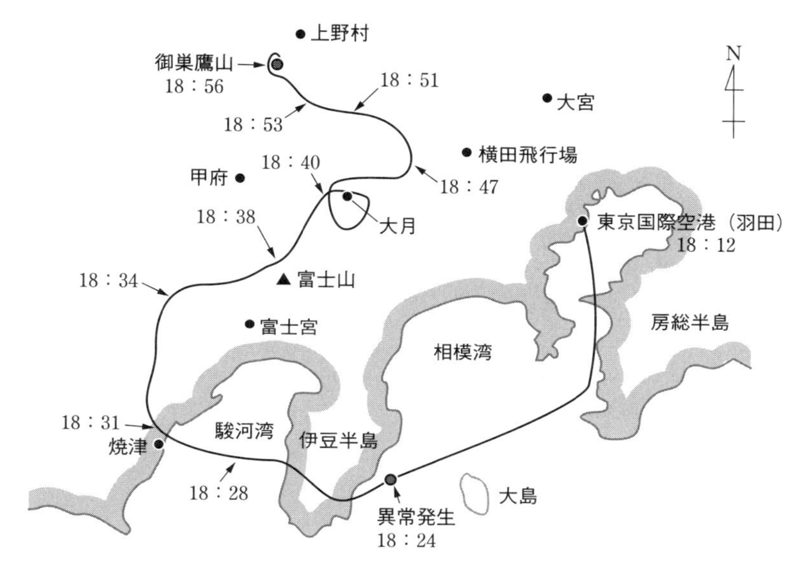

図 2.62　事故機の飛行経路略図

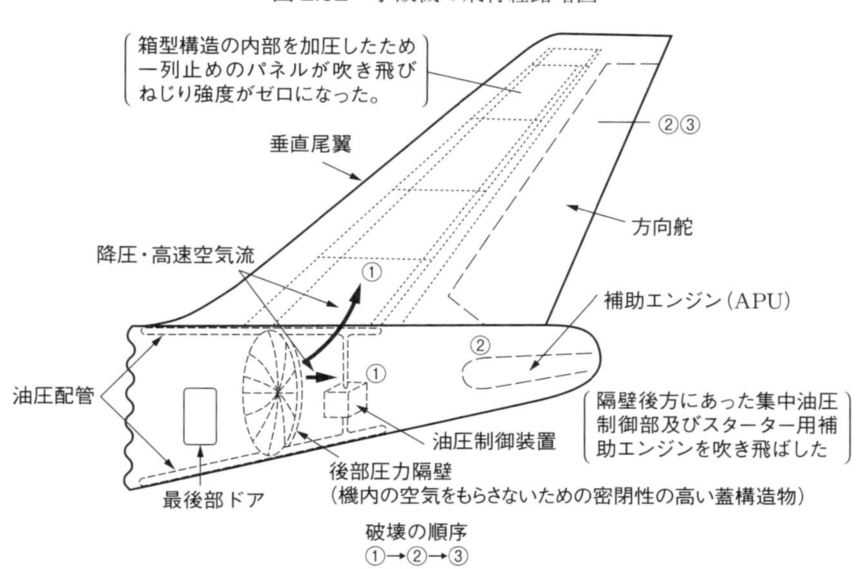

出典　航空事故調査委員会報告書 62-2、運輸省航空事故調査委員会　昭和 62 年 6 月 19 日

図 2.63　事故原因の機体後部圧力隔壁の位置と周辺の破壊順序[51]

んどが失われ（油圧制御配管は4系統あるがそれを集中制御している油圧ユニットが破壊された）、舵面制御用の油圧も失われて制御不能に陥った。直ちに空中分解することはなかったものの、制御不能で着陸することができずに御巣鷹山に衝突した（図2.62参照）。

実は事故機は事故の7年前の1978年6月に大阪空港着陸の際、尾底部を滑走路面にぶつけて中破したために（いわゆるしりもち事故）、機体を羽田空港整備場まで曳航して修理している。圧力隔壁の疲労破壊はそのときの修理ミスに

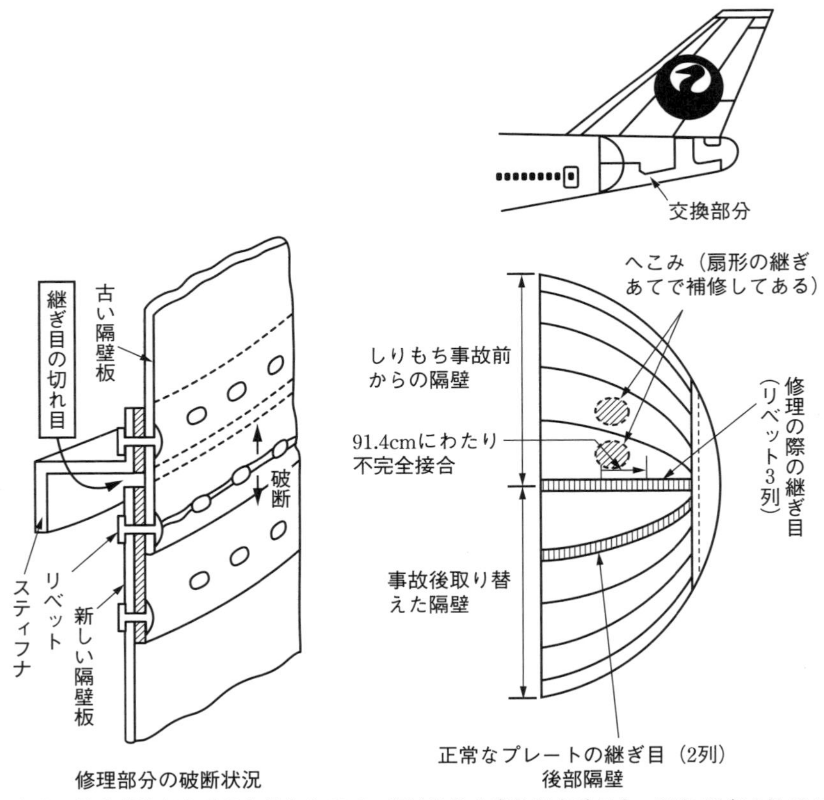

出典　航空事故調査委員会報告書62-2、運輸省航空事故調査委員会　昭和62年6月19日

図2.64　しりもち事故時の隔壁修理状況[51]

原因があった。**図 2.64**、**図 2.65** に修理された隔壁の状況とリベットの継手の詳細を示す。

修理はボーイング社の技術陣によって行われたものであるが、ボーイング社の指示図通りには行われず、1 枚のスプライスプレートを通じて上下 2 枚の板を 2 列ずつのファスナで結合すべきところ、つながっていない 2 枚のプレートを用いたために中央のリベットのみが荷重伝達の役割りを果たす結果となり、

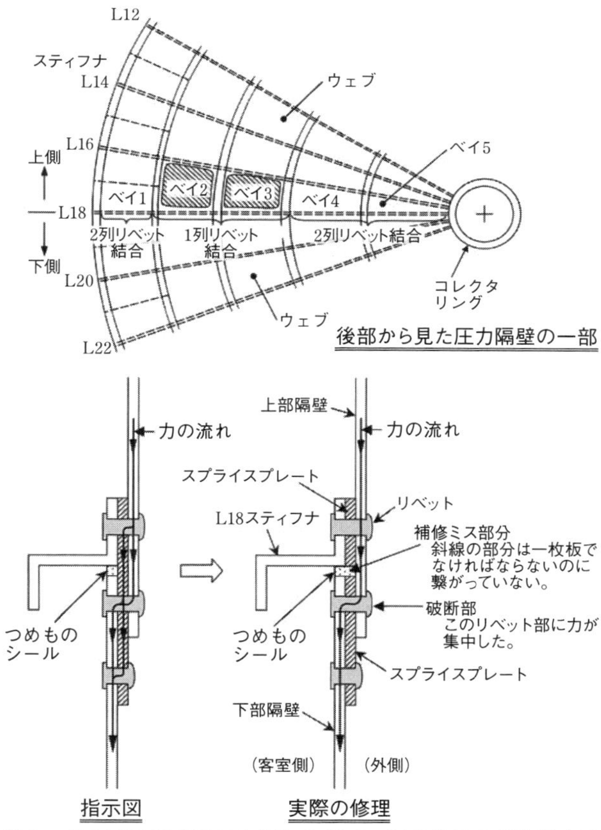

出典　航空事故調査委員会報告書 62-2、運輸省航空事故調査委員会　昭和 62 年 6 月 19 日

図 2.65　しりもち事故時の隔壁リベット締結部修理状況[51)]

過大な荷重が中央のリベット列に作用し、そのリベット孔縁から発生したマルチプルサイトき裂が12,000回程度の与圧の繰返しによって進展し、急速不安定破壊に至ったものである。つまり図2.65の下図に示すように、1枚のスプライスプレートを介して上下の曲面板がそれぞれ2列のファスナで締結されるべきところ、2枚のスプライスプレートが用いられたため、中央のファスナのみが荷重伝達に寄与することとなったが、力学的な力の伝達メカニズムが現場作業員に全く理解されていなかったものと言える。また、修理ミスが行われた領域が2ベイ（約1m）にわたっており、これは構造の不安定破壊を起こす限界き裂寸法を越えていたため、微小き裂を縫って進展したき裂は途中で停止することなく、急速不安定破壊に至ったものである。**図2.66**に、隔壁疲労破損究明の決め手となった、破面のSEM写真を示すが、このストライエーション幅、数等から、しりもち事故、最終疲労破損の経過が説明できる。

また、修理時にシーラント（詰め物）で当該部が覆われていたとはいえ、検収の際に修理確認を安易に行ったり、また12,319回の与圧の繰返しの間の運用途上での定期整備の在り方にも問題があったことが指摘される。

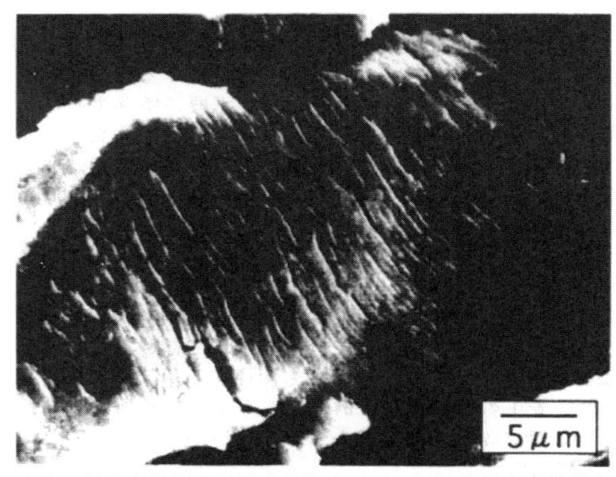

出典　航空事故調査委員会報告書62-2、運輸省航空事故調査委員会　昭和62年6月19日

図2.66　隔壁疲労破面のストライエーション[51)]

(c) CAE 対応技術

1) 組織的対策

このような事故は、表面的には、設計の指示通りに修理現場で作業が行われなかったと考えられがちであるが、むしろ組織全体の技術に対する認識不足が原因と考えられる。一般にものづくり企業では、開発・設計 → 生産技術 → 品質保証 → 保全技術のピラミッドが構築され、組織が大きくなればなるほどそれぞれの技術連絡はマニュアルに頼りがちである。マニュアル偏重では、その行間にある技術のエキス（ここでは力の流れ）が時間とともに失われ、そのうちに形骸化してしまう。定期的な対面（朝礼、会議)、対物（図面、現場）による技術伝達は不可欠である。例えば、このようなしりもち事故後の修理対応のような非定常業務の場合、事故のポテンシャルが非常に高いことは経験的に知られており、多くの企業ではデザインレビュー（DR）と称して研究、設計、生産技術、品質保証、製造、保全の技術者全員が集まり、あらゆる方向から修理図面の問題点を抽出する会議がもたれている。このようなデザインレビューの機会を活用して、例えば力学の基本である力の伝達のメカニズムについての理解（基本教育）も行われるべきである。その基本技術を以下に例示する。本事故の場合このような対応が取られていなかったことが最大の問題と言える。単なる現場の修理ミスとしていたのでは、このような事故は何度も起きる。

2) 眼力の育成

「3.1　IT 技術氾濫時代での強度設計技術者の育成」でも述べるが、この種の不静定構造問題を解析するためには、力の大まかな流れを眼力で読み取ることが最も重要となる。この大まかな力の流れを把握できずに安易に FEM に頼る習慣をつけていては眼力は身につかない。例えば**図 2.67** に示すボルトあるいはリベット締結構造の各ボルトの荷重負担は 1/3 ずつではなく、両端のボルトの負担が高いことが大まかにわかる眼力があれば、たとえ修理構造が複雑であったにせよ、大局的には図 2.67 右図のような修理をしたことが見えてくる。このような不静定構造の力の配分の感覚が醸成されたうえでねじ締結体の FEM 解析を行うことが肝要である（第 4 章 4.2 参照)。

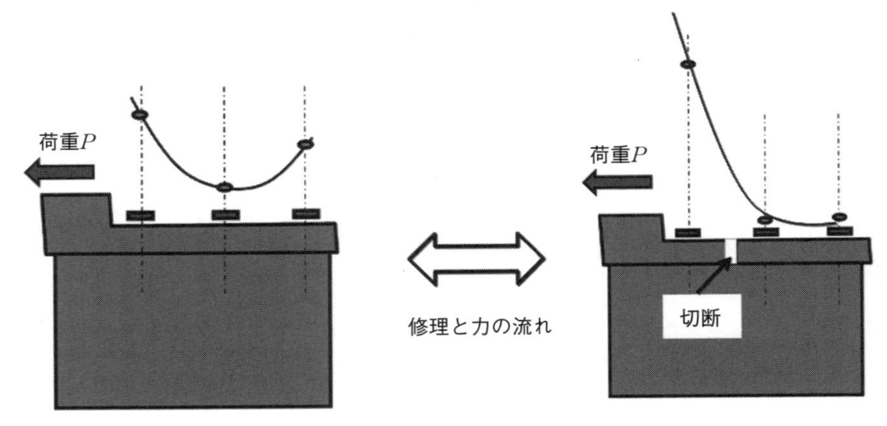

図 2.67　ねじ締結構造の力の配分と修理の対応

3）基本技術

リベット締結は古くから信頼性の高い永久締結法として用いられてきたが、近年、溶接技術の進歩やねじ摩擦継手の普及により、減少傾向にはある。しかし、構造物に万が一疲労き裂が発生した場合、き裂進展がリベット穴で阻止されることが期待できる等信頼性上の利点は大きく、このような航空機等では必要な技術である。

〔リベット継手単体要素の応力〕

図 2.68 に示すリベットの1列の重ね継手を例にとって説明する。この1列リベット重ね継手が引張荷重Pを受ける場合、荷重Pが小さい間は板間の摩擦抵抗力で荷重を伝達するが、荷重Pが大きくなるとすべりが生じ、リベット穴の内側面とリベット軸の外側面とが接触して荷重を伝達することになる。その結果、図に示す形態の破壊発生の恐れが生じる。これら各破壊形態に対応する応力を材料力学的に以下のように計算して評価する。

リベットのせん断応力

$$\tau=4P/\pi d^2$$

板のせん断応力

$$\tau'=P/2et$$

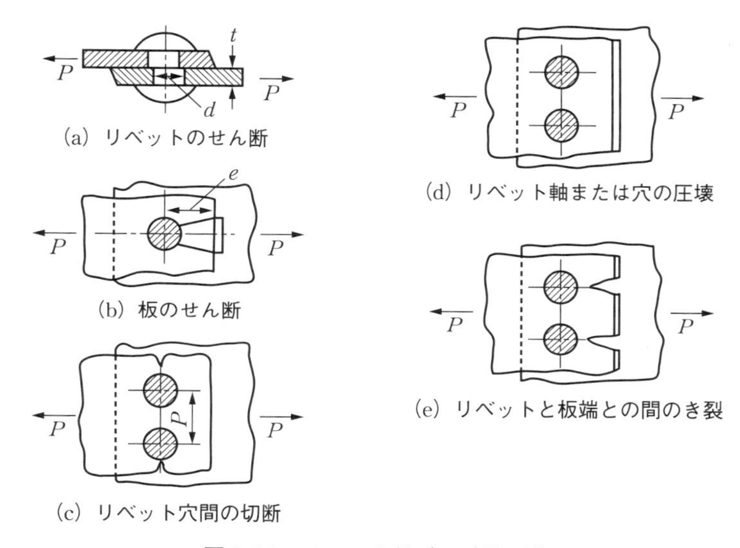

図 2.68　リベット継手の破壊形態

板のリベット穴最小断面の引張応力

$\sigma_t{}' = P/p - d\,t$

リベット軸または穴側面の圧縮応力

$\sigma_c(\sigma') = P/d\,t$

リベット穴部板端の応力

$\sigma_b{}' = 3Pd/(2e-d)^2 t$

ここで、

d：穴径

t：板の厚さ

e：リベット穴中心から板端までの距離

これらの式で求めた応力を板およびリベット材の強度と比較して強度設計をすることになる。

航空機圧力隔壁ではリベットの締結部にあまり面外曲げ負荷がかからないような構造を取っているので、ここでは面外曲げモードは示さなかったが、近年航空機のパネル落下（2.9参照）等の面外曲げ破損事故も起こっており、そのような場合には第4章4.3節リベット締結（f）モードを参考にしていただきたい。

〔リベット継手構造の応力分担〕

実際のリベット締結継手では、各リベット単体要素が均等に荷重分担することは少ない。従って強度設計では、各リベットに作用する荷重分担を考慮した上で、前項で説明した応力計算式等で強度検討を行うべきである。この荷重分担の代表例について以下に示す。

モーメントを受けるせん断型継手

図2.69に示すように、せん断型継手にモーメントが作用する場合、モーメントの回転中心を締結体の重心位置とすると、最大荷重が作用する最外端のリベットの荷重Pとリベット継手に作用するモーメントの関係は、回転中心からリベットまでの距離Rを用いて、

$$P = M/R$$

となる。このPを上述の単体の評価式に入れて評価する。

モーメントを受ける引張型継手

引張型継手がモーメントを受ける場合は、圧縮側では被締結体が一部圧縮荷重を分担するため、**図2.70**に示すように、リベット列の長さhの0.8倍の位置

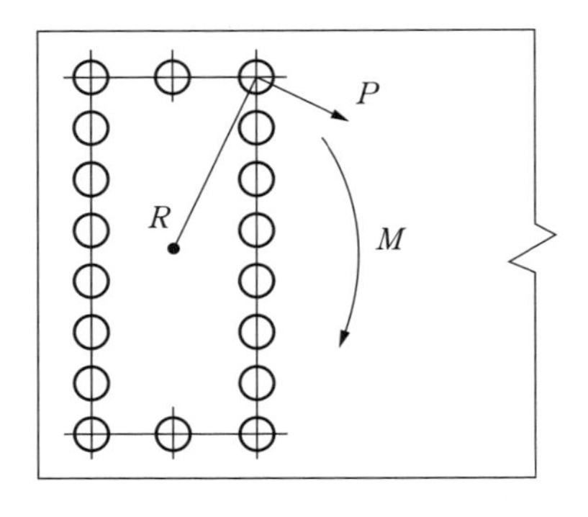

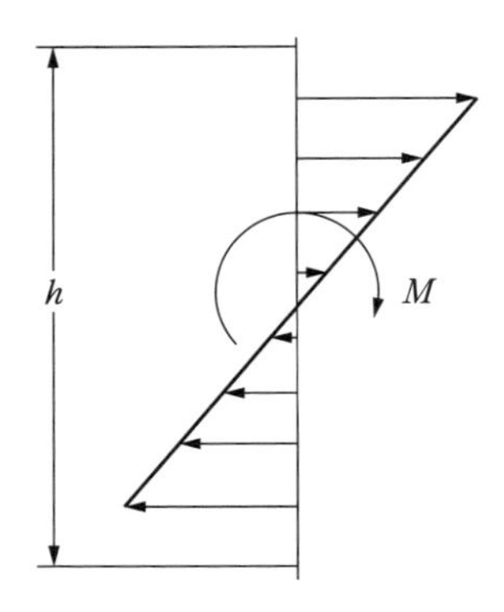

図2.69　せん断型リベット継手のモーメント負荷に対する荷重分担

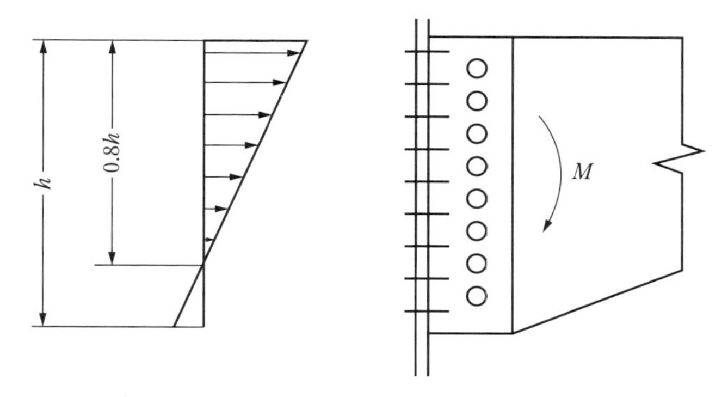

図 2.70　引張型リベット継手のモーメント負荷に対する荷重分担

を回転中心として、先と同様にリベットに作用する荷重 P を求める。

〔リベット継手の強度設計〕

リベット継手の静的強度

リベット締結体が受ける最大荷重に対し、上項の方法等で計算した応力 σ または τ が対象材料の許容応力を越えないように設計する。材料の許容応力は例えば引張の場合、材料の引張強度 σ_B または降伏強度 σ_Y とすると、引張許容応力 σ_{al} は

$$\sigma_{al}=\frac{\sigma_a(\text{または})\sigma_a}{S_f}$$

ここで、S_f；安全率（安全率は 1.4 以上とすることが望ましい）

で求められる。**表 2.5** に冷間成形リベット材料の引張強度を示した。圧縮の場合も引張と同じ許容応力を使用するのが一般的である。せん断荷重の場合も同様に対処するが、せん断強度が不明の場合は次式でせん断許容応力 τ_{al} が求められる。

$$\tau_{al}=\frac{\sigma_{al}}{\sqrt{3}}$$

リベット継手の疲労強度

一般的なリベット継手ではリベットが疲労破壊することはなく、母材が破断

表2.5　リベット材料の引張強度

区　分	材　　料	引張強度 kg/mm² (MPa)
鋼リベット	JIS G3505（軟鋼線材）または JIS G3539（冷間圧造用炭素鋼線）2の SWCH6R～SWCH17R	35（343）以上
黄銅リベット	JIS H3260（銅および銅合金線）の C 2600 W、C 2700 W または C 2800 W	28（275）以上
銅リベット	JIS H3260 の C 1100 W	20（198）以上
アルミニウムリベット	JIS H4120（アルミニウムおよびアルミニウム合金リベット材）	8（78）以上

する。リベット継手の疲労強度はねじ締結体と同様、リベットの締付け力に関係し、締付け力が低いと疲労強度も低く、ばらつきの原因となる。**表2.6** にボルト継手も含めて疲労強度の例を示した[54)]。表2.6に示されるごとく、ボルト継手の方がリベット継手より疲労強度が高く、母材に近い疲労強度が期待できるのに対し、リベット継手の疲労強度は有孔平板の疲労強度とほぼ等しいと考えて設計する方が安全である。静的強度同様に安全率を考慮する必要があるが、疲労の場合は、負荷および材質のばらつきが大きくなることを考慮して、2.0以上とることが望ましい。また、リベット継手ではフレッティソグが生じやすく、それに伴う疲労強度低下には配慮が必要である。

4）周辺技術的対策

運輸機器特に航空機の信頼性設計においては、各強度部材の強度評価以外に、万が一ある部材が破壊したとしても最終的な重大事故に至らないようなバックアップも考慮した安全設計の概念が重要となる。今回の墜落の最終原因は垂直尾翼の破壊によって姿勢制御ができなくなったことにもよる。そのために、万が一圧力隔壁が破損しても機内からの高速空気流によって垂直尾翼が破壊しないように、尾翼トーションボックス（ねじり荷重を支えるための4本の支柱と各面を構成する4枚のパネルからなる箱型構造）構造への空気の流れを遮断するための工夫（蓋の設置）が施された。

表 2.6 リベット継手、ボルト継手類の疲労強度

試験片種類	配列	母材材質	結合面処理	2×10^6 強度 (MPa)（全振幅）
リベット	2列2本	SS41	黒皮	196.0
	1列4本	〃	〃	147.0
	〃	Welten50	〃	127.4
ボルト	2列2本	SS41	黒革	225.4
	〃	〃	アマニ油	176.4
	〃	〃	メタリコン	225.4
	1列4本	SS41	黒革	205.8
	〃	〃	エナメル	171.5
	〃	Welten50	フレーム·クリーニング	205.8
有孔板ほか（非継手）	母材	SS41	黒皮	225.4
	有孔板	〃	〃	107.8
	リベット締め	〃	〃	117.6
	ボルト締め	〃	〃	156.8

2-9 KLM オランダ航空機パネル落下事故

(a) 事故状況

2017 年 9 月 23 日に、KLM オランダ航空のボーイング 777 型機が関西国際空港を離陸して大阪市付近上空を上昇中に、右主翼後縁付け根上方の胴体パネル 1 枚が脱落し、大阪市北区付近を走行中の車両に衝突した。落下したパネルについているブラケットも破断していた。パネルの大きさは縦 1.1 m、横 1.1 m 程度であった（**図 2.71** 参照）。

(b) 事故原因

調査の結果、パネル固定用ボルトに正規ではない頭の少し小さいボルト（**図 2.72** 参照）が 5 か所使用されており、そのためにパネルがボルトの頭から通り抜け落下したと発表されている（運輸安全委員会）。しかし、少々仕様の異なるボルトを使ったのみでこのような事故に至るとは容易に考えられない。ここではその他の設計レベルでの原因を考える。

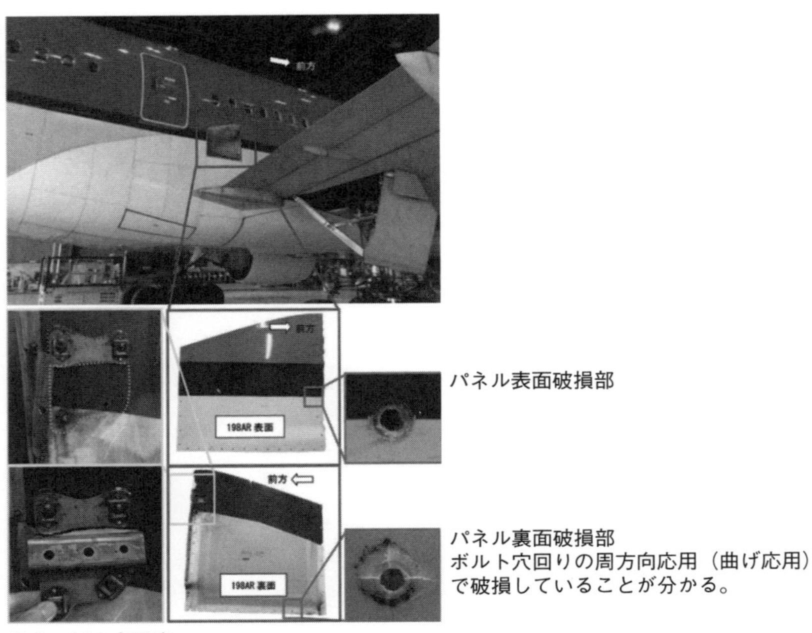

出典　国土交通省

図 2.71　KLM オランダ航空機パネル落下状況

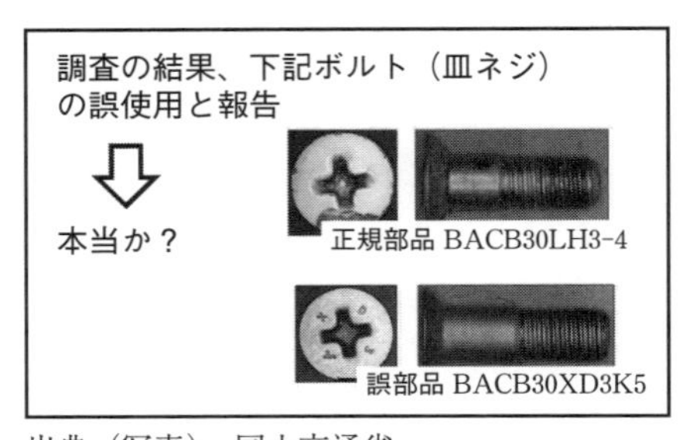

出典（写真）　国土交通省

図 2.72　使用ボルト

パネルのボルト締結部の 1 つを、**図 2.73** に示すように単純にモデル化して、力学解析を行う。パネル板厚を 5 mm、取付けボルトは M5 の皿ねじと仮定し、ボルト 1 本あたりの解析対象部位を、図の破線で示す外径 ϕ40、内径 ϕ5.5 の円

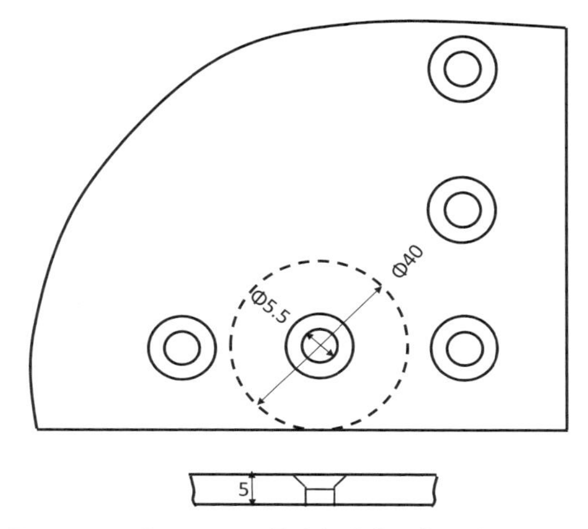

図 2.73　パネルボルト締結部単体の簡易力学モデル

板と考える。この円板に基準外力が負荷された場合の①ボルト軸応力、②パネル穴回りせん断応力、③パネル曲げ応力の比較から破損原因を探る。

この簡易力学円板モデルに、基準外力 F として、**図 2.74** の①ボルト谷底径断面での疲労限界破断モード $\sigma_b = 100$ MPa に相当する値、1,270 N を仮定する。その基準外力下での②パネルのせん断応力は、$\tau = 8.6$ MPa と、アルミ合金材のせん断疲労強度に対して、十分低く、事故調査でのすっぽ抜けの原因は考えにくい。

では、**図 2.75** に示す、③パネルのねじ穴内周下部の面外曲げモード（めくれ）での曲げ応力を計算する。これは、通常の材料力学解析では無理なため、これまでリベット部の簡易応力解析には用いられてこなかったが、4.3.1 項リベット締結力学モード (f) に追加した弾性力学式で計算すると、リベット穴周りの最大曲げ応力は $\sigma = 143$ MPa と、アルミ合金の疲労限界強度に十分匹敵しており、このモードでの破損であったことが予測される。確かに図 2.72 右下部のパネル裏破損の写真から、ねじ穴周り周方向応力（面外曲げ応力）で破損していることから明確である。このような弾性力学式の適用には ROARKS'S FORMULAS for STRESS and STRAIN[55] 内の表が参考になるが、これはリ

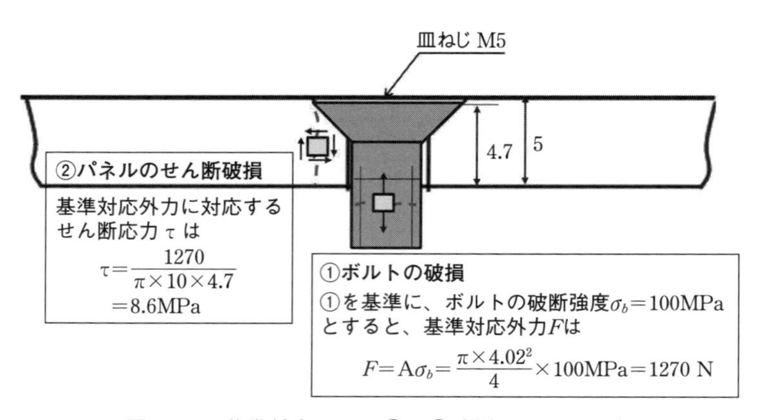

図 2.74　基準外力下での①、②破損モードの強度

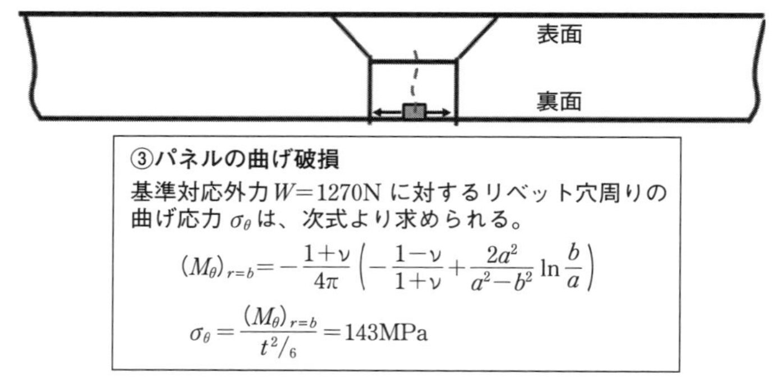

図 2.75　基準外力下での③破損モード（めくれ）での強度

ベット1本分の締結モデルを図 2.73 の破線で示す等価円板モデルを**図 2.76** のような外周単純支持、内周均等荷重（W）の力学モデルに置き換えて計算したものである。材料力学では解けないこのような面外曲げモードの計算も、安易に FEM に頼らないでできるだけ弾性力学の適用を試みて欲しい。

類似事故

・2017 年 9 月 7、8 日　全日空機脱出用スライド収納パネルの落下

・2017 年 9 月 27 日　全日空機点検窓のふた（アクセスパネル）が茨城県稲敷市の工場敷地に落下しているのが発見された。パネルは、縦 30 cm、横

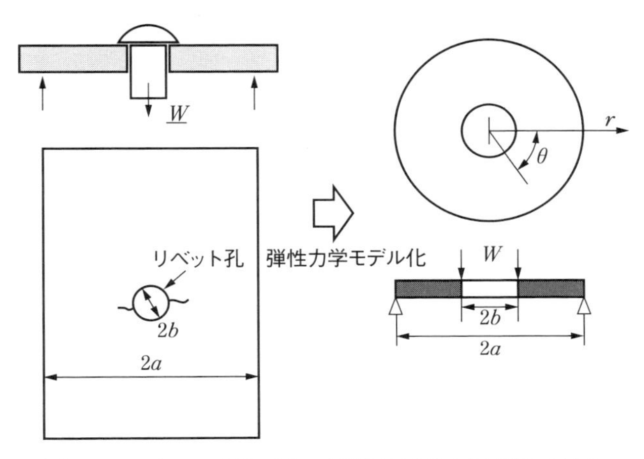

図 2.76　リベット孔周りの面外曲げ応力解析用モデル

147 cm、重さ 3.14 kg の台形の白いパネルであった。

・2017 年 11 月 30 日　米軍嘉手納基地配備の F–35A 戦闘機が訓練中に機体パネルを落下させた。パネルは、縦約 30 cm、横約 60 cm であった。

・2017 年 12 月 7 日　米軍航空機からの落下物が、沖縄県宜野湾市の幼稚園の屋根に落下。落下物は US などと書かれた長さ 15 cm ほどの筒状物体。

・2017 年 12 月 13 日　米軍ヘリコプターCH–53 機から、沖縄県普天間基地に隣接する小学校のグラウンドに窓のような部品が落下。落下物は 90 cm 四方の大きさ。

・2018 年 2 月 9 日　米軍普天間基地所属 MV22 オスプレイ機のエンジンの空気取り入れ口が、沖縄県うるま市伊計島のビーチに流れ着いているのが発見された。発見は 9 日であったが、落下は 8 日の海上飛行中であったとされる。落下物は、縦約 70 cm、横約 100 cm、重さ約 13 kg の半円形であった。**図 2.77** に見られるように、上述 KLM 機のパネル落下と同様なねじ、リベット締結部の設計ミスによる破損が考えられる。

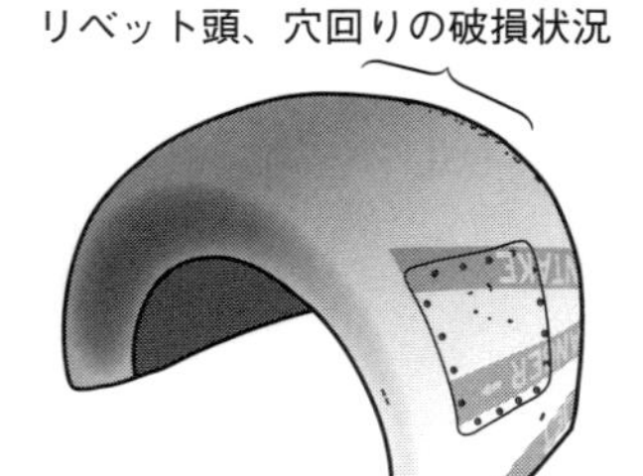

図 2.77　オスプレイ機エンジン空気
取り入れ口落下事故

2-10　半導体パッケージ接着はく離・レジン割れ

(a) 接着界面損傷の事例

最近の接着剤の利用は目覚しく、例えば軽量化設計が要望されている航空機や自動車においては、構造用接着剤による強度部材の接合が各部で採用されるようになってきている。また、電子・光学機器の組立、電子部品の封止（パッケージ）等の分野でも、精密固定、無応力締結あるいは工程上の容易さ等の利点から接着剤利用の拡大は著しい。

しかし、このような現状にも関わらず、接着接合部の強度評価が難しいこともあり、トラブル事例は数多くある．ここでは、電子機器の封止を例に取り上げ、そのトラブルと対応としての新しい強度評価法の提案について述べる。

図 2.78 に代表的な IC 樹脂封止（プラスチックパッケージ）の構造を示す。このパッケージの組立にあたっては、まずシリコンウエハから切り出した個々のチップを接着剤や Au–Si 共晶接合等によって金属製リードフレームのタブ部に固定する。次にチップとリードフレームを金線によって電気接続し、これらの周囲をエポキシ樹脂によってモールドする。

パッケージの主要な損傷モードを**図 2.79** に示す。チップ、リードフレーム、モールド樹脂等は互いに線膨張係数が異なるため、モールド温度（170 ℃前後）からの冷却や、信頼性試験のための温度サイクル試験等では、パッケージ内部

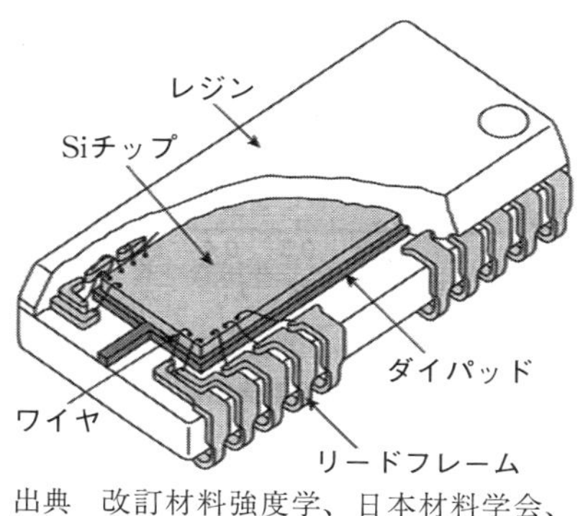

出典　改訂材料強度学、日本材料学会、(2005)、235頁　図7.24

図2.78　IC樹脂封止の構造

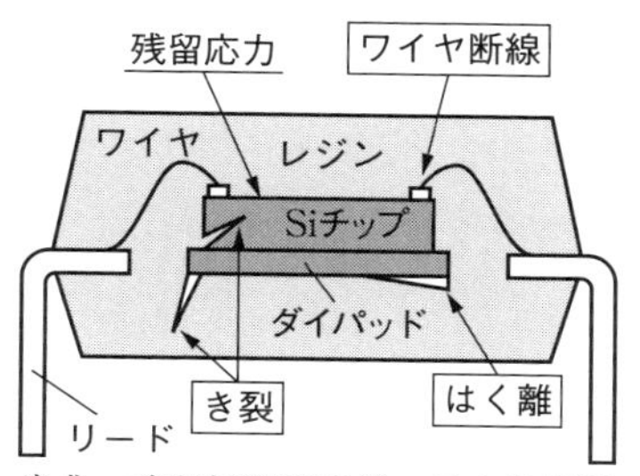

出典　改訂材料強度学、日本材料学会、(2005)、235頁　図7.25

図2.79　IC樹脂封止の損傷モード

に熱応力が発生する。この熱応力が原因となって、チップや樹脂、接着界面等に種々の損傷が発生する。また組立プロセス等の外力や、はんだ付け加熱時のパッケージ内部の蒸気圧等によっても同様な損傷が発生することがある。これら損傷モードの多くには界面のはく離が関与しており、もし界面はく離を完全に防止できるならば、パッケージの信頼性は飛躍的に向上する。以下に界面はく離が関与したいくつかの損傷モードの例について述べる。

〔アルミ配線腐食〕

チップ／樹脂界面のはく離あるいは樹脂中のボイドなどによって、チップ表面に隙間が存在すると、この部分で水分が結露して水膜を形成し、チップ表面の微細Al配線を腐食させる。またリードや金属と樹脂の界面がはく離すると、外部の水分が容易にチップ表面に到達するようになり、耐腐食寿命を低下させる。

〔チップ割れ[56)]〕

チップ割れは多くの場合、チップをタブに固定するダイボンディング工程で発生する。リードフレーム材（42アロイなどのFe–Ni合金またはCu合金）の線膨張係数はシリコンより大きいため、ダイボンディング後の冷却過程で熱応力が発生する。チップ、タブの曲げ剛性が低い場合には、反りによる引張り応力がチップ表面に作用して垂直型のチップ割れが生じ、剛性が高い場合にはチップ端部から水平型の割れが生じることがある。チップ／タブ間に部分的な接着あるいは接合不良がある場合には、チップに座屈状の変形が発生し、樹脂モールド後でもチップ割れを生じることがある。

〔温度サイクル時のレジン割れ[57)]〕

温度サイクル時の樹脂割れはタブ、リード等の端部から発生し、これには通常何らかの界面はく離が関与している。代表的なリードフレーム材である42アロイとCu合金の場合について、樹脂割れの発生メカニズムを**図2.80**に示す。42アロイではタブ／樹脂間、Cu合金ではチップ／タブ間の熱膨張差が、界面はく離を引き起こし、さらにこの界面はく離によってタブ下端部レジンに応力を集中させ、レジン割れを引き起こす。

〔リフローはんだ付け時の樹脂割れ〕

パッケージに使用する樹脂には、わずかではあるが吸湿する性質がある。現在、電子部品の基板への実装法として、基板全体を電子部品とともに加熱するリフローはんだ付けが一般となっている。この実装法ではパッケージ自体が

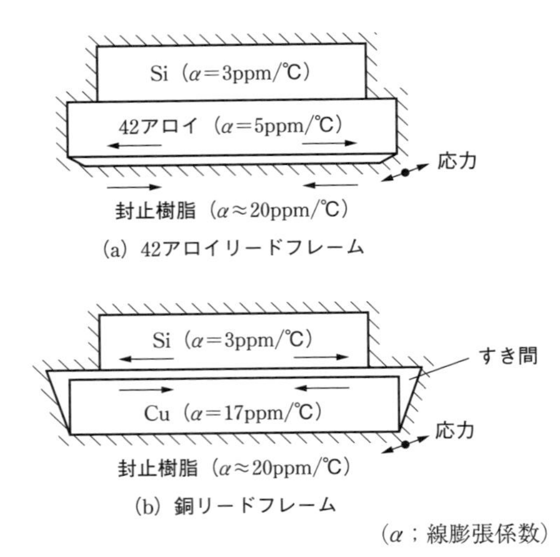

図2.80　温度サイクルレジン割れのメカニズム

200℃以上の高温にさらされるため、樹脂が吸湿している場合、水分が気化してタブ／樹脂等の界面に高い蒸気圧が作用する。この蒸気圧は**図 2.81** に示すように界面をはく離させ、さらに樹脂の割れを引き起こすことがある[57]。**図 2.82** はパッケージ加熱開始後の蒸気圧の変化を、水分拡散・変形シミュレーションによって求めた例[57]である。40 秒後のパッケージ温度は約 210℃であり、この時の圧力は約 1.3 MPa にも達している。これらのトラブルを防止するためには、各接着界面のはく離強度の正確な評価が不可欠である。そこで、以下にこの接着端からのはく離発生の評価およびはく離進展挙動の評価を接着端およびはく離端の応力特異場パラメータで評価する方法を紹介する。

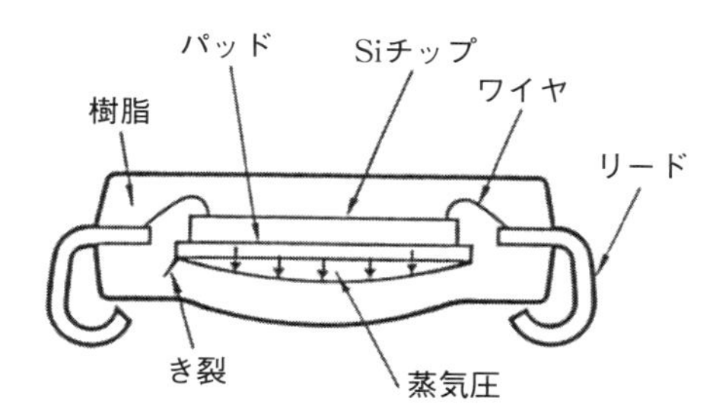

図 2.81　蒸気圧によるレジン割れ

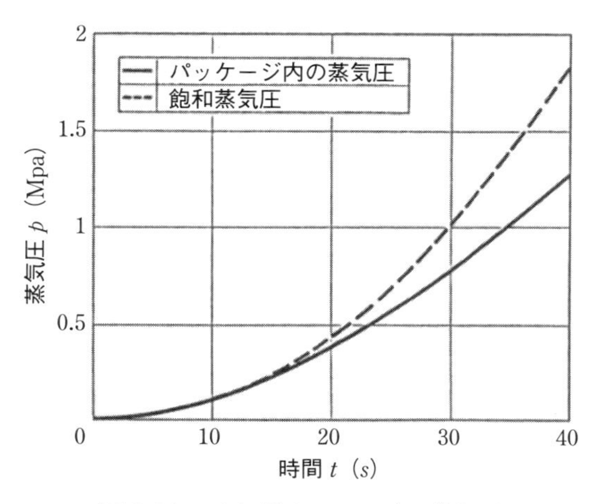

図 2.82　はんだリフロー時の蒸気圧

(b) 接着端応力特異場パラメータによるはく離発生評価[58)~67)]

一般的な接着端の形状を**図 2.83** に示すが、このような接着端は形状および材料定数が急変していることから、ここでは厳密には応力が無限大となる応力特異場[57)~64)]となっており、有限要素法あるいは境界要素法等の応力解析のみでは汎用的な評価ができない。そこで著者らは、先にこの応力特異場の応力分布が近似的に

$$\tau(r)=H/r^{\lambda} \tag{7}$$

$\tau(r)$；応力（MPa）、r；特異点からの距離（mm）、

H；応力特異場の強さ、λ；特異性の指数

で示されることに着目し、このHとλによって接着構造の強度を評価する方法を提案し、種々適用を行ってきた[64)]。ここで各接着界面のデータベースとしてのはく離発生基準、つまり接着端にはく離が発生する時の応力特異場パラメータHとλの関係を、**図 2.84** に示す種々の特異性の指数λを有する接着試験片を用いて求めた[64)]。これらの材料定数を**表 2.7** に示す。これらの材料を 170 ℃で接着およびキュアリングを行い、降温中に発生する熱応力によるはく離点を、試験片の上下面に貼ったひずみゲージで測定した。そこで、このはく離点での熱応力および応力特異場パラメータを有限要素法応力解析により求めた。**図**

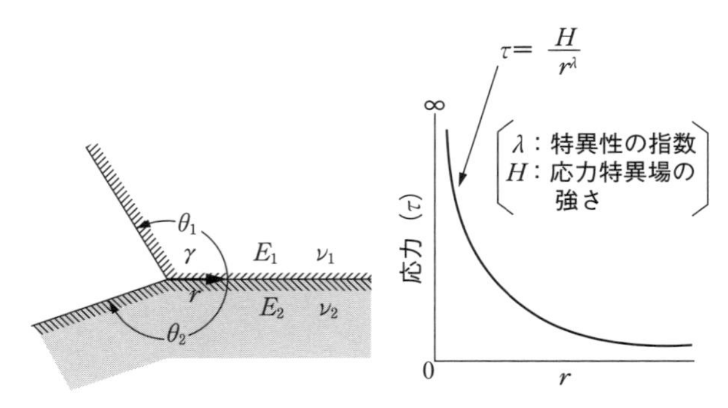

出典　製品開発のための材料力学と強度設計ノウハウ（日刊工業新聞社、2002）173頁　図4.71

図 2.83　接着端部の形状

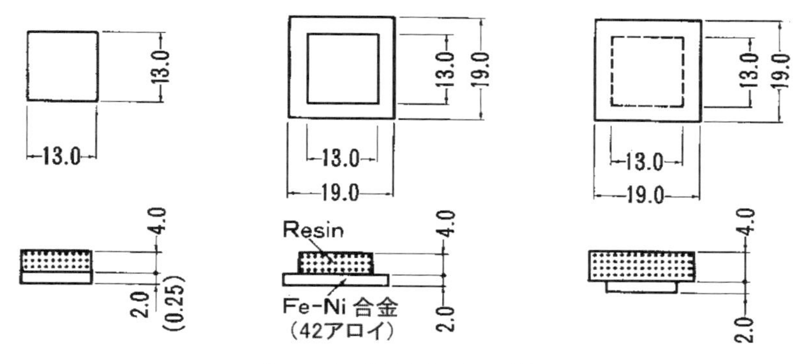

図 2.84　接着試験片の形状

表 2.7　接着試験片材料の材料特性

Material	ヤング率 E(GPa)	ポアソン比 ν	線膨張率 $\alpha(10^{-6}/℃)$	引張強さ σ_B(MPa)	疲労限 $\Delta\sigma_{WO}$(MPa)	破壊靱性値 $K_{IC}(MPa\sqrt{m})$	き裂進展限界応力拡大係数 $\Delta K_{th}(MPa\sqrt{m})$
Resin	14.7	0.25	19.0	130	85	2.0	1.0
Fe–Ni alloy	148	0.3	5.0	—	—	—	—

2.85、**図 2.86** に降温量 $\Delta T = 100$ ℃でのそれぞれ熱変形および熱応力分布を示す。

図 2.87 に、この熱応力（せん断応力）の接着端近傍での対数表示分布を示す。この応力分布に式(7) をベストフィットさせることによって H 値を求めることができる。このようにして各試験片（各 λ）に対して求めたはく離発生応力特異場の強さ Hc を求めた結果を**図 2.88** にプロットで示す。

この方法をパッケージモールド後の降温過程でのはく離発生を予測した結果を**図 2.89** に示す。16 ピンおよび 28 ピンのいずれのパッケージでも、タブ下面の接着端にはく離が発生する。しかしこれらの場合、はく離が進展するとはく離先端の応力が減少する傾向にある。そのため 16 ピンの場合、はく離はほとんど進展しないで停止すると予測されるが、26 ピンの場合はかなりの領域まではく離が進展すると予測される。これらの予測結果は、同図の超音波観察の結果

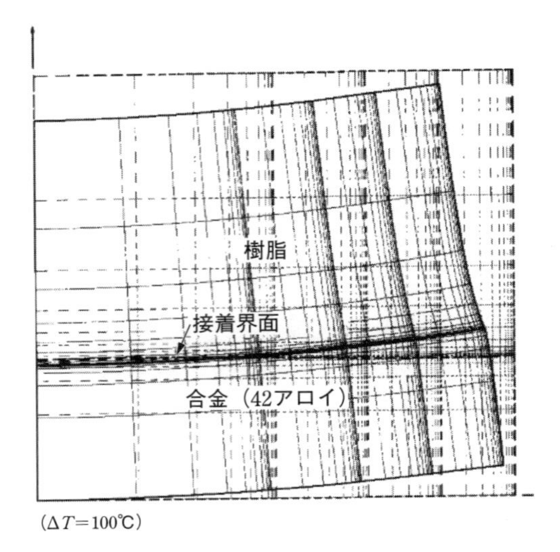

図 2.85　モデル I 試験片の変形図

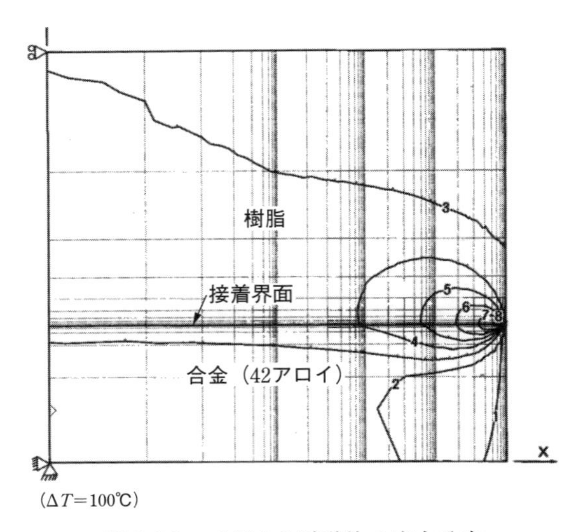

図 2.86　モデル I 試験片の応力分布

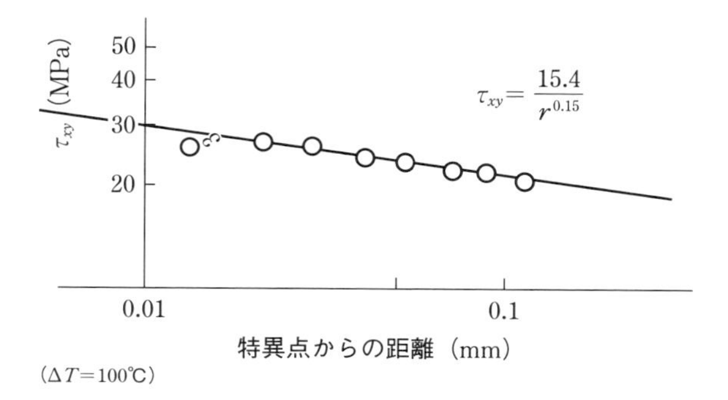

図 2.87　モデルⅠ試験片の接着界面上せん断応力分布

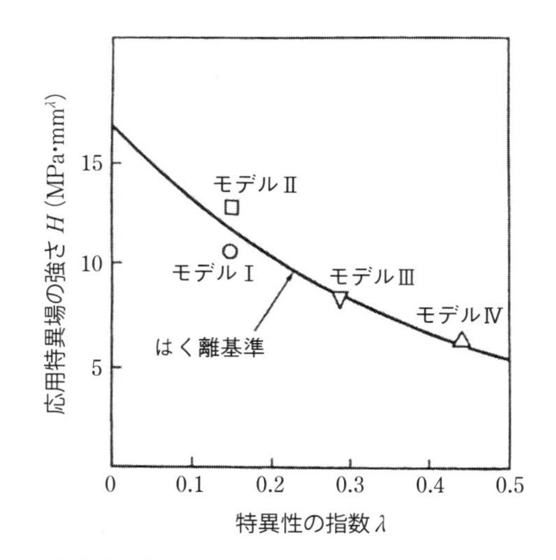

図 2.88　応力特異場パラメータ $H.\lambda$ を用いたはく離発生基準

ともよく一致しており、この評価法の妥当性が確認できる。この超音波によるはく離領域の検出の妥当性を確認するために、このパッケージを切断してSEM観察した結果を**図 2.90**に示す。パッド下面コーナ（接着端）部に発生したはく離は、超音波観察結果と定量的にもよく一致しており、超音波観察結果の妥当性が確認できる。

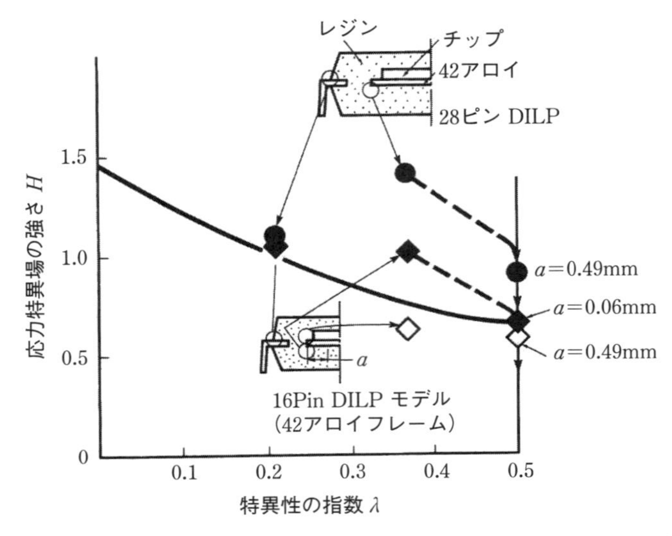

図 2.89　各種パッケージモデルの応力特異場パラメータとはく離評価・観察結果

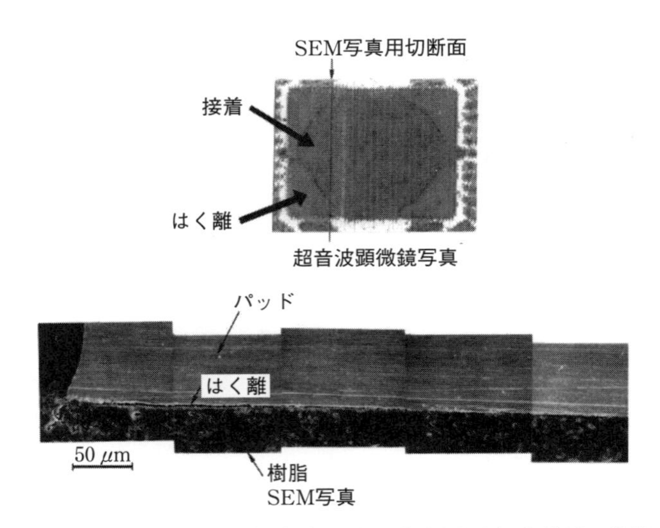

図 2.90　はく離領域の超音波及び切断面 SEM 観察結果の比較

(c) はく離端応力特異場パラメータによるはく離進展評価[65]

図 2.89 に示したように、このような接着構造物の熱応力下（変位支配型負荷）では、接着端から発生したはく離は、はく離領域の進展によりはく離先端の応力が減少し、停留する傾向にあることが分かった。本節ではこのように成形初期熱負荷（170 ℃ → 室温）で発生したはく離はどこまで進展し、さらにその後の加速試験あるいは実働下での熱サイクル負荷下で、どのように進展するかの予測について解説する。

図 2.91 に、図 2.89 に示した 28 ピン DILP パッケージモデルの熱サイクル試験（−55 ℃〜150 ℃）下でのはく離の進展挙動の超音波による観察結果を示す。これらの進展特性を定量的に把握するために、はく離長さとはく離先端の応力特異場の強さの関係を FEM で解析した。解析には、先述の 28 ピンパッケージモデルを基本に、そのタブ幅を 11.2 mm、8.2 mm、7.4 mm の 3 種類のモデルを対象として用いた。**図 2.92** にタブ幅 8.2 mm モデルの完全接着のケースと、コーナから 1 mm はく離したケースの応力分布解析結果を示す。このようにしてはく離長さ a と、はく離先端のせん断応力、τ_{xy} に対応する応力特異場の強さ H の関係を示すと、**図 2.93** のごとくなり、確かにはく離長さ a が長くなるに従

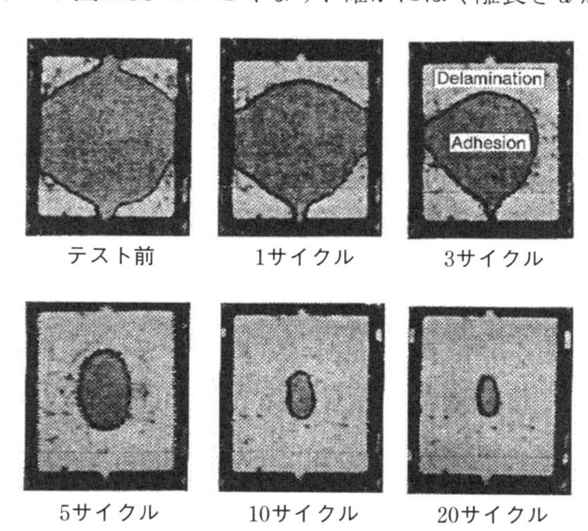

図 2.91　熱サイクル試験（−55 ℃〜150 ℃）によるはく離の進展挙動[79]

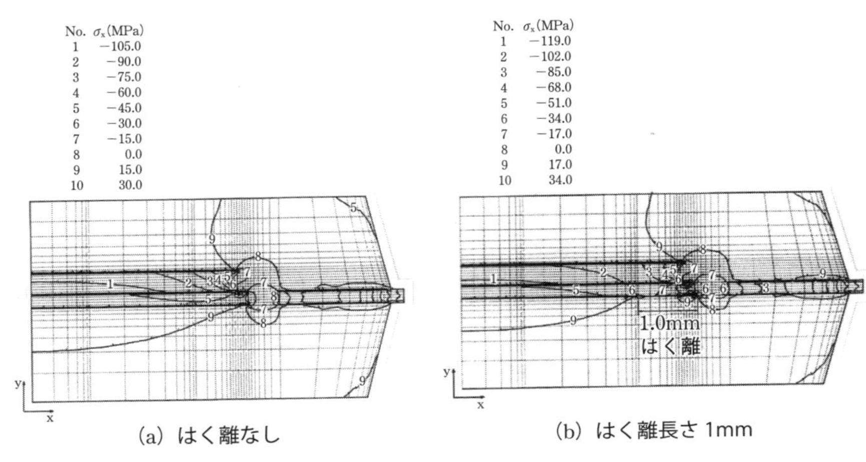

図2.92　パッケージモデルの熱応力解析結果（タブ幅 8.2 mm）[65]

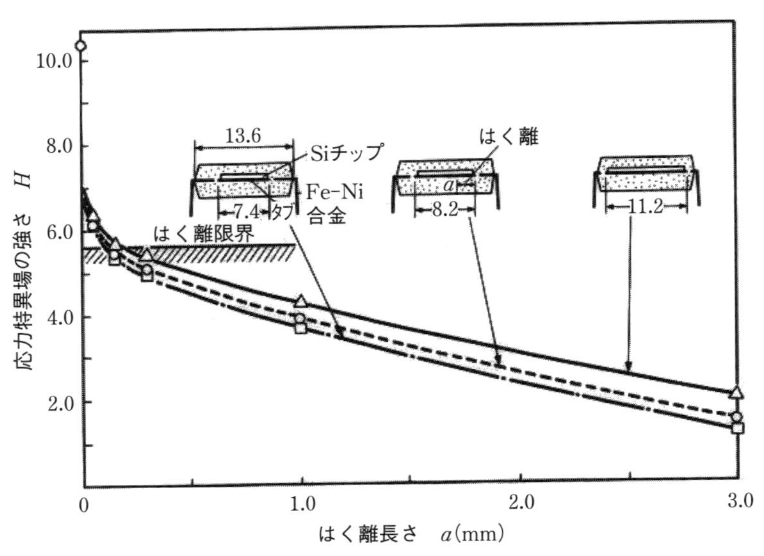

図2.93　各種パッケージのはく離長さaと、はく離先端応力特異場の強さHの関係[65]

い応力特異場の強さHが低下する状況が分かる。従ってこの図に、図 2.89 に示したはく離基準の$\lambda=0.5$の値 5.6 MPa･mm 1/2 をハッチングで示すと、それぞれ成形初期でのはく離長さが予測できる。

次に熱サイクル下のはく離進展については、5 節で示す破壊力学を用いたき裂進展評価（$da/dN-\Delta K$）と同様、実モデル（タブ幅 5.2 mm）での熱サイクル負荷下（−55 ℃～150 ℃）のはく離進展実測結果（**図 2.94** 参照）と、図 2.93 の応力特異場の強さの解析結果をもとに、応力特異場パラメータを用いたはく離進展速度評価（$da/dN-\Delta H$）が**図 2.95** のごとくパリス則に準じた関係が得られる。

これらのデータベースにより、任意接着構造のはく離進展挙動の予測が可能となる。

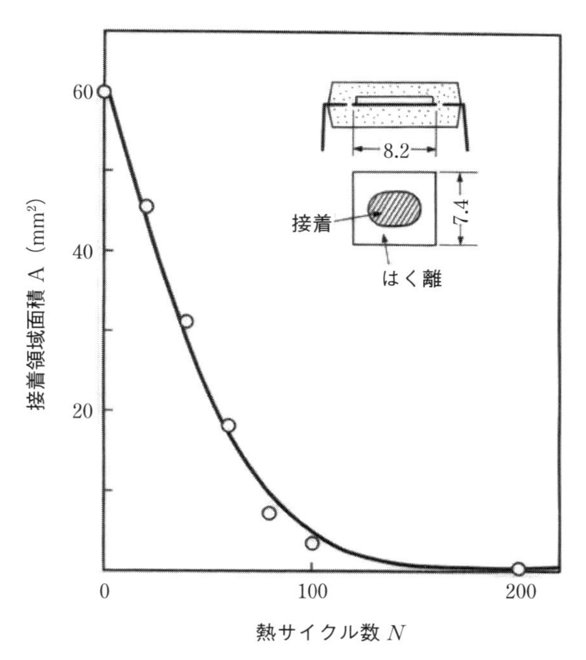

図 2.94　パッケージモデルの接着界面はく離進展挙動（タブ幅 8.2 mm）[65)]

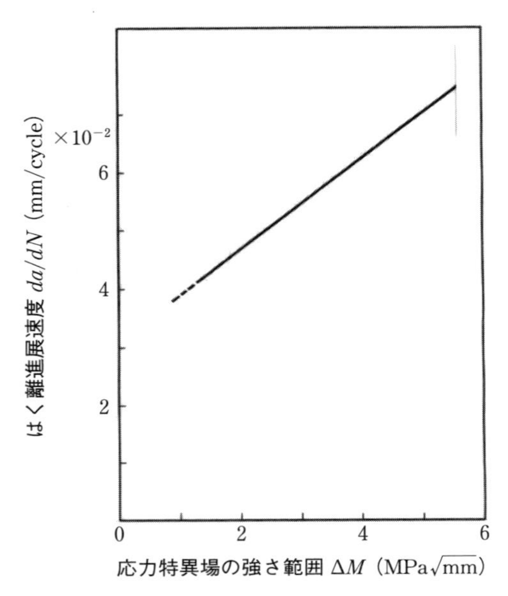

図 2.95　はく離進展速度 da/dN と応力特異場の強さ範囲 ΔH の関係[65)]

(d) 応力特異場パラメータによるレジン割れ発生評価[65)]

はく離が進展すると、はく離端のせん断応力 τ_{xy} に対応する応力特異場の強さが減少することは図2.93で示したが、このせん断応力軽減分が実は接着端コーナ部の主応力 J_x の応力増加を引き起こし、レジン割れを引き起こす原因となる。

この関係を**図 2.96** に示す。この図は図2.92の応力解析結果のコーナ部の主応力 J_x 応力分布を示すもので、はく離の進展とともにコーナ端部のレジン内の応力特異場の強さ H が増加していることが分かる。そこで、はく離長さ a と、コーナ端レジン内の応力特異場の強さ H の関係を**図 2.97** に示す。次にこのコーナ端レジン内の応力特異場の強さ H のレジン割れ発生限界値を実験によって把握しておく必要がある。

図 2.98 に、この限界値を求めるために用いた90°切欠き試験片と、強度試験結果を示す。**表 2.8** にそのレジン材の材料特性を示す。切欠き先端の曲率が大

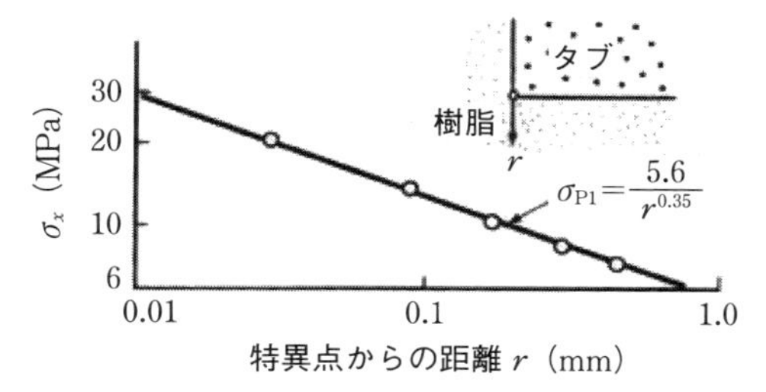

(a) はく離なし

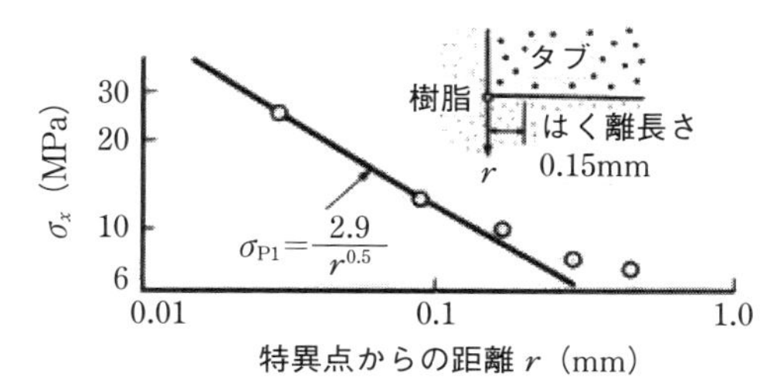

(b) はく離 0.15mm

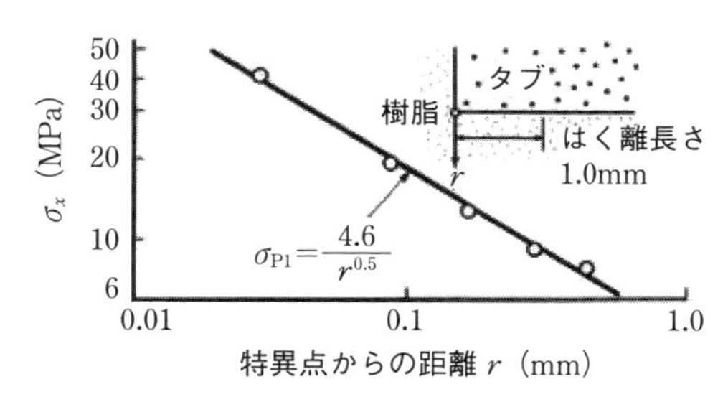

(c) はく離 1.0mm

図 2.96　コーナ端部のレジン内応力分布と応力特異場パラメータ

表 2.8　レジン材の材料特性

弾性率 E(GPa)	ポアソン比 ν	破断強度 σ_B(MPa)	破壊靭性値 K_{IC}(MPa$\sqrt{\mathrm{m}}$)	疲労限 σ_{W0}(MPa)	き裂進展限界応力拡大係数範囲　ΔK_{th}(MPa$\sqrt{\mathrm{m}}$)
14.7	025	130.0	2.0	85.0	1.0

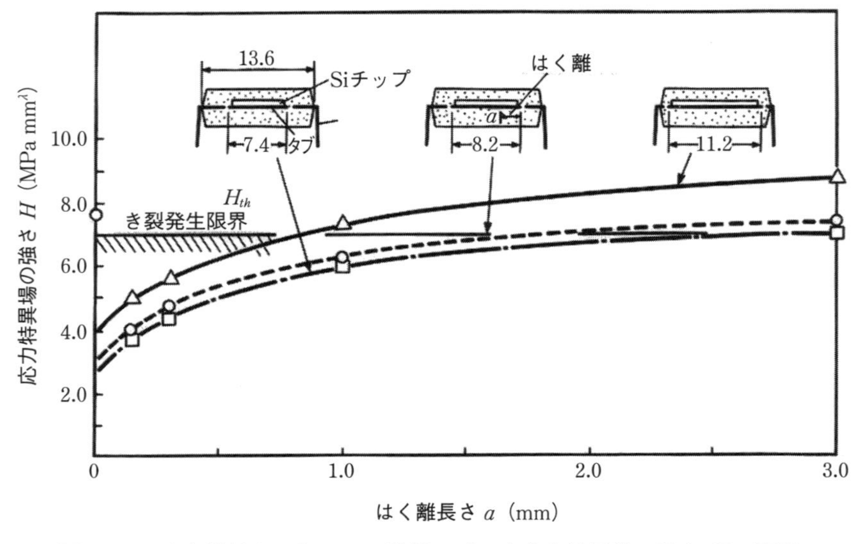

図 2.97　はく離長さ a とコーナ端部レジン内応力特異場の強さ H の関係

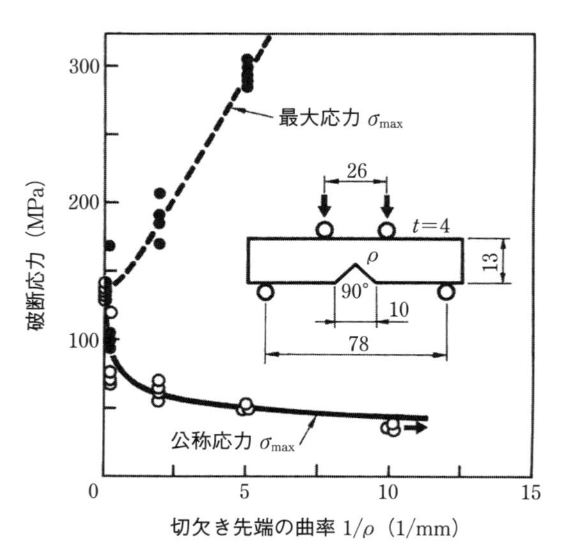

図 2.98　切欠き試験片の曲げ強度試験結果

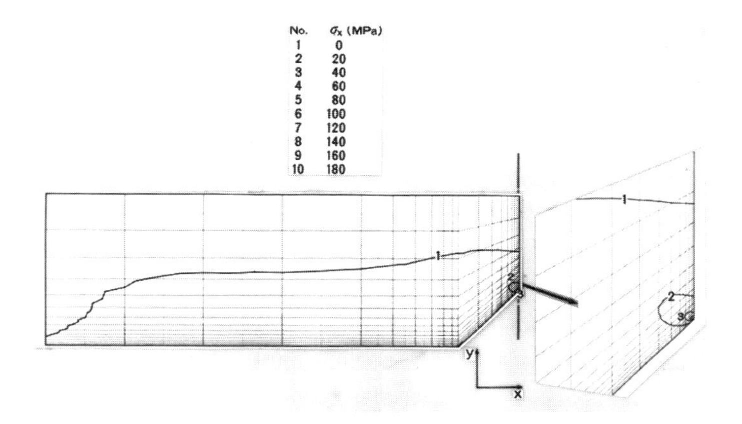

図 2.99　切欠き試験片切欠き部の FEM 応力解析結果

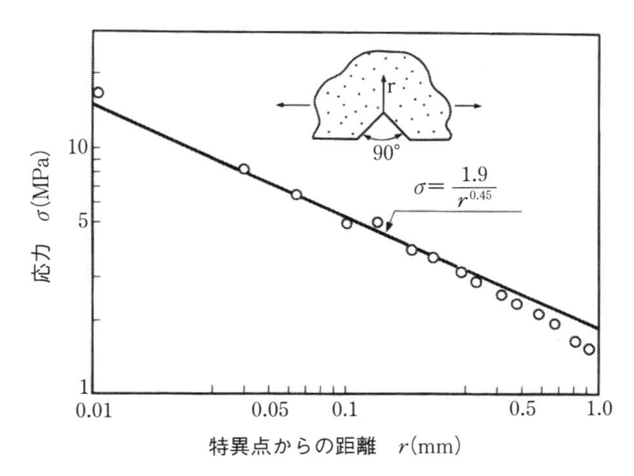

図 2.100　切欠き先端部の応力分布（平均曲げ応力 σ_{nom}＝2.25 MPa）

きくなるに従い破断時の平均曲げ応力は低下するが、36 MPa 程度で飽和する。

そこで、この値を 90° コーナ応力特異場での破断強度とすると、**図 2.99**、**図 2.100** に示すこの 90° コーナ応力特異場の応力解析結果（公称曲げ応力 σ_{nom}＝2.25 MPa）より静的破断時の応力特異場の強さ H_C が求まる。そのほか表 2.8 に示すレジン材の破断強度および破壊靱性値により、それぞれ特異性の

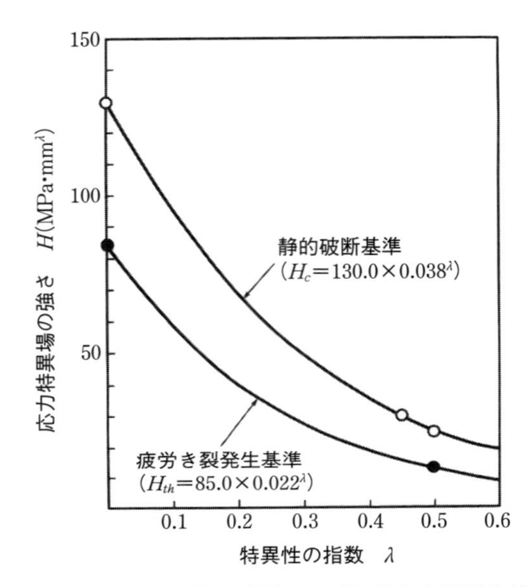

図 2.101　レジン材の破断およびき裂発生限界曲線

指数$\lambda=0$（σ_B）および$\lambda=0.5$（K_{IC}）での破断応力特異場の強さH_Cが**図 2.101**の●印のごとく求まる。これらの点と特定位置応力法（第3章2.3節(2)項および参考文献66参照）を用いて破断限界曲線を予測すると、図2.101の実線のごとく求まる。同様に表2.8に示すレジン材の片振り負荷下での疲労限およびき裂進展限界応力拡大係数範囲から、それぞれ特異性の指数$\lambda=0$（σ_{W0}）および$\lambda=0.5$（ΔK_{th}）での繰返し負荷下でのレジン割れ発生限界応力特異場の強さ範囲H_Cが図2.101の○印のごとく求まる。これらの点と特定位置応力法（同様に詳細参考文献66）を用いてレジン割れ発生限界曲線を予測すると、図2.101の破線のごとく求まる。

このレジン割れ発生限界応力特異場の強さ範囲H_Cを図2.97上にハッチングで示すが、これよりタブ幅が11.2 mm、8.2 mmと大きい場合には、はく離長さがそれぞれ0.9 mm、1.7 mmに至るとレジン割れが発生するが、タブ幅が7.4 mmの場合には、かなりはく離してもレジン割れが発生しないことが予測される。

(e) 破壊力学パラメータによるレジン割れ進展評価[66)]

前節までに、IC 樹脂封止（プラスチックパッケージ）に代表される接着構造体の損傷プロセスである、接着界面はく離発生 → はく離進展 → コーナ部レジン割れ発生までを詳述してきたが、最後に前節で予測したレジン割れ発生後の進展と寿命評価について述べる。**図 2.102** にレジン材の各試験温度での疲労き裂進展特性を示すが、いずれも次式で示す Paris の式で表されることが分かる。

$$da/dN = C(\Delta K)^m \qquad (8)$$

ここで、a はき裂長さ、N は繰返し数、C および m は定数、ΔK は応力拡大係数範囲である。

図 2.103 に、コーナ端部に発生したレジン割れき裂の応力拡大係数解析に用いた FEM 要素分割状況を示す。前節で示したごとく、コーナ部のレジン割れの発生は、接着界面はく離に引き続いて起こると考えられるため、この解析では、タブ下接着界面ははく離しているという条件で行った。また熱負荷に関してはこれまでと同様 −55 ℃〜150 ℃の温度変化を与えた。**図 2.104** に、このよ

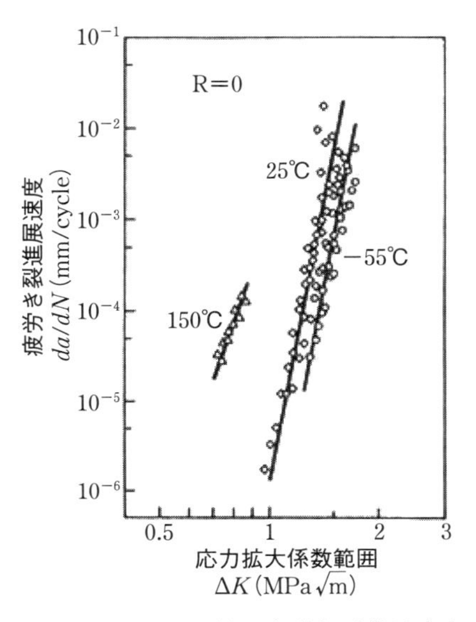

図 2.102　レジン材の疲労き裂進展速度

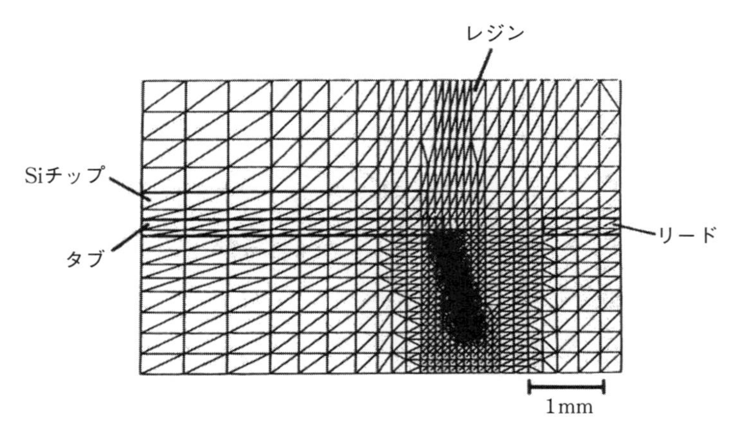

図 2.103　プラスチックパッケージレジン割れき裂の応力拡大係数解析用 FEM 要素分割図

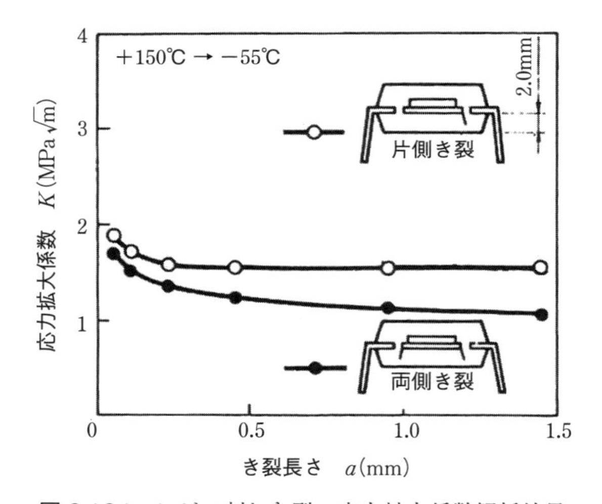

図 2.104　レジン割れき裂の応力拡大係数解析結果

うにして計算した応力拡大係数とき裂長さの関係を示す。ここではき裂が片側にのみある場合と、両側に対称にある場合の計算結果を示すが、片側き裂の場合の方が両側き裂の場合よりも応力拡大係数が高いことが分かる。またいずれの場合もき裂長さが 0.2 mm くらいまでは応力拡大係数は急激に低下するが、それ以後はかなり緩やかな変化になることが分かる。図 2.102 のレジン材のき裂進展特性と、図 2.104 のタブ下コーナ部のき裂の応力拡大係数計算結果から、レジン割れき裂進展寿命を予測することができる。ここで応力拡大係数は最低温度（－55 ℃）において最大となるため、き裂進展特性は図 2.102 の －55 ℃の結果を用いる。式(8)の Paris の式より、初期き裂長さ a_0（0.05 mm）から貫通長さ a_f まで、き裂が進展する温度サイクル寿命 N は、次式で求まる。

$$N=\int_{a_0}^{a_f}\frac{da}{C\Delta K^m} \tag{9}$$

計算により得られた結果を**図 2.105** に示す。この図には実際のパッケージモデルの熱サイクル試験（－55 ℃～150 ℃）のき裂進展状況を破線で示す。実測結果は、片側き裂の場合の予測結果名かなり近く、予測の妥当性が確認された。

(f) まとめ

本節では、接着・接合構造体の代表として、半導体プラスチックパッケージを取り上げ、

①接着界面のはく離の発生

②はく離の進展

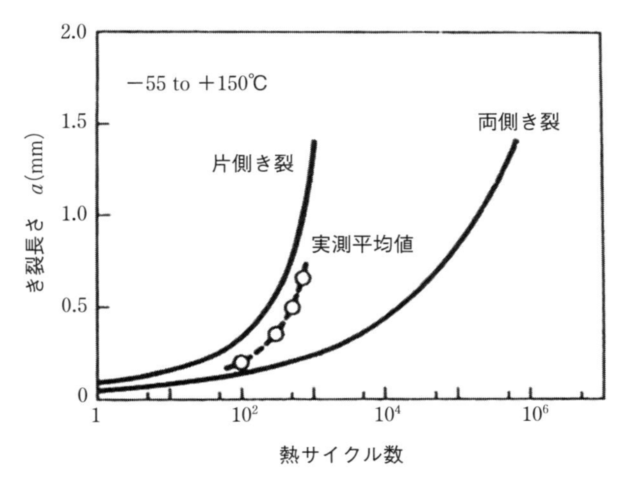

図 2.105　レジン割れき裂の予測結果と実測結果

③コーナ部からのレジン割れの発生

④レジン割れの進展・破損

の一連の損傷プロセスを一気通貫して評価・予測する方法を紹介した。

各所で応力特異場パラメータが使用されていることが特徴であるが、今後製品の小型化・複雑化に伴ってミクロな形状管理は困難となり、強度評価にはこのような応力特異場パラメータの適用は不可欠になってくると思われる。他のマイクロ構造体分野にも是非適用展開願いたい。

［参考文献］

1）Metals Handbook, Vol. 9, FRACTOGRAPHY AND ATLAS OF FRACTUREGRAPHS, ASM, (1974), p. 84

2）最新フラクトグラフィー　各種材料の破面解析とその事例，塩谷義，松尾陽太郎，服部敏雄，川田宏之，テクノシステム（2010）.

3）破壊力学大系　壊れない製品設計へ向けて（Strength Design Handbook（2014, 3) for Failure Prevention of Products)，編集代表；服部敏雄，NTS（2012, 02）

4）高分子における劣化・破壊現象の写真・データ事例集，技術情報協会（2014）.

5）樹脂―金属接着・接合部の応力解析と密着性・耐久性評価，技術情報協会（2014, 9）.

6）金属・ガラス・セラミックス・プラスチックの破面観察・破損解析手法とその事例，R&D 支援センター（2014, 11）.

7）自動車軽量化のための材料開発と強度，剛性，強靭性の向上技術，技術情報協会，(2015, 6）.

8）Y. Murakami (ed.–in–chief): Stress Intensity Factors Handbook, vol. 1, 2 (1987), 3 (1992), 4, 5 (2001), Pergamon, Soc. Materials Sci., Japan.

9）ASTM E647–00, “Standard Test Method for Measurement of Fatigue Crack Growth Rates” (2001).

10）長瀬隆夫，溶接構造台車枠の疲労損傷と強度評価，車両技術，No. 212, pp. 71–79, (1997).

11）機械工学便覧デザイン編，β4「機械要素・トライボロジー」，日本機械学会（2005）.

12）日本材料学会編：金属の疲労，丸善（1964）.

13) N. Okamoto and M. Nakazawa: Int. J. of Num. Methods in Eng., 14, pp. 377, (1979).
14) 服部，他 3 名：フレッチング疲労の破壊力学的解析，機論（A），53–492，1500–1507，(1987).
15) T. Hattori and M. Nakamura: Fretting Fatigue Evaluation using Stress Singularity Parameters at Contact Edges, Fretting Fatigue, ESIS 18, 453–460 (1994).
16) T. Hattori, M. Nakamura and T. Watanabe: Fretting Fatigue Life Simulation using Stress Singularity Parameters and Fracture Mechanics, Developments in Fracture Mechanics for the New Century ASMS, 110–117 (2001).
17) T. Hattori and T. Watanabe: Fretting Fatigue Strength Estimation Considering the Fretting Wear Process, Tribology International, 39, 1100–1105 (2006).
18) 西岡邦夫，平川賢爾，小松英雄：はめ合部の疲労強度，住友金属，Vol. 2 5, No. 2, pp. 181–200 (1973).
19) Suresh, S., Fatigue of Materials 2nd Edition, Cambridge University Press, 1998, p. 469
20) D. G. Bansal, M. Kirkham and P. J. Blau: Wear, **302**, 837–844 (2013).
21) 吉田篤樹，李尚学，白石透，小野芳樹，丸山典夫：Ti–6Al–4V 合金のフレッチング疲労限に及ぼす炭素ドープ酸化処理およびショットピーニング処理の影響，日本金属学会誌，**78**-2，75–81 (2014).
22) 服部敏雄，中村真行，坂田寛，渡辺孝，フレッチング疲労の破壊力学的解析，日本機械学会論文集（A 編），53–492，(1987)，pp. 1500–1507
23) T. Hattori, Fretting fatigue problems in structural design, Fretting Fatigue (Editors: R. B. Waterhouse and T. C. Lindley), (1994), pp. 437–451, Mechanical Engineering Publications
24) N. Okamoto and M. Nakazawa, Int. J. of Num. Methods in Eng., 14 (1979), pp. 377
25) 服部，他 3 名，フレッティング疲労の破壊力学的解析，機論（A），53–492 (1987), 1500–1507
26) T. Hattori and M. Nakamura, Fretting Fatigue Evaluation using Stress Singularity Parameters at Contact Edges, Fretting Fatigue, ESIS 18, (1994) 453–460
27) T. Hattori, M. Nakamura and T. Watanabe, Fretting Fatigue Life Simulation

using Stress Singularity Parameters and Fracture Mechanics, Developments in Fracture Mechanics for the New Century ASMS, (2001) 110–117

28) T. Hattori and T. Watanabe, Fretting Fatigue Strength Estimation Considering the Fretting Wear Process, Tribology International, 39 (2006) 1100–1105

29) 経済産業省 原子力安全・保安院：中部電力㈱浜岡原子力発電所5号機及び北陸電力㈱志賀原子力発電所2号機の蒸気タービンの羽根のひび等に関する対応について（第4報），2006年8月

30) 桜井淳：事故は語る―浜岡原発5号機のタービン羽根損傷事故，日経ものづくり，pp113–119, 2006年12月

31) 桜井淳：新幹線「安全神話」が壊れる日，講談社（1993）.

32) 日経ニューマテリアルズ，（1992，10，5）8

33) 山本晃，ねじ締結の原理と設計，養賢堂（1995），pp127–131

34) 吉本勇，他，ねじ締結体設計のポイント，日本規格協会（2002）.

35) Verein Deucher Ingenieure, VDI–Richtlinien 2230 (1977) Systematic calculation of high duty bolted joints, 1977 [日本ねじ研究協会訳，高強度ねじ締結の体系的計算方法，日本ねじ研究協会，1982].

36) Verein Deucher Ingenieure, VDI–Richtlinien 2230 (1986) Systematic calculation of high duty bolted joints, –joints with one cylindrical bolt–, 1986 [丸山一男，賀勢晋司，澤俊行　訳，高強度ねじ締結の体系的計算方法　–円筒状一本ボルト締結–，日本ねじ研究協会，1989].

37) Verein Deucher Ingenieure, VDI–Richtlinien Blatt 1 2230 (2003) Systematic calculation of high duty bolted joints, –joints with one cylindrical bolt–, 2003 [賀勢晋司，川井謙一　訳，高強度ねじ締結の体系的計算方法　–円筒状一本ボルト締結–，日本ねじ研究協会，2006].

38) 服部敏雄，野中寿夫，種田元治，塑性域締付ボルト締結体の強度，圧力技術，23 1，(1985) pp. 7–13

39) 泉聡志，木村成竹，酒井信介，微小座面すべりに起因したボルト・ナット締結体の微小ゆるみ挙動に関する有限要素法解析，日本機械学会論文集（A編）72，717，pp. 780–786（2006）.

40) 低剛性の被締結部材に軸直角方向の往復荷重が作用したときのボルトの回転ゆるみ挙動（中村眞行，服部敏雄，佐藤正司，梅木健），日本機械学会論文集（C編），64–627，pp. 4395–4399（1998）.

41) T. Yamagishi, T. Asahina, D. Araki, H. Sano, K. Masuda and T. Hattori,

Loosening and Sliding Behaviour of Bolt–Nut Fastener under Transverse Loading, Mechanical Engineering Journal, 5, 3 (2018), Journal–JSME–D–16–00622 (2018)

42) 成瀬友博，渋谷陽二，ボルト締結部における負荷時の被締結体の等価剛性評価，日本機械学会論文集（A 編），75–757（2009），1230–1238

43) 成瀬友博，渋谷陽二，ボルト締結体の軸方向剛性と曲げ剛性の高精度化，日本機械学会論文集（A 編），76–770（2010），1234–1240.

44) 成瀬友博，渋谷陽二，ボルト締結体の曲げモーメント下における被締結体剛性の非線形特性，日本機械学会論文集（A 編），2010/11

45) 成瀬友博，川崎健，服部敏雄，シェル要素とビーム要素を用いたボルト締結部の簡易モデル化手法と強度評価（第 1 報　モデル化手法），日本機械学会論文集（A 編），73–728（2007），522–528

46) 成瀬友博，川崎健，服部敏雄，シェル要素とビーム要素を用いたボルト締結部の簡易モデル化手法と強度評価（第 2 報　強度評価法），日本機械学会論文集（A 編），73–728（2007），529–536

47) 鉄道総合研究所浮上式鉄道開発推進本部：超電導が鉄道を変えるーリニアモーターカー・マグレブー，清文社（1988）.

48) 鯉渕，小久保邦夫，初田，服部，三浦：製品開発のための材料力学と疲労強度設計入門，日刊工業新聞社，pp. 92（2009）.

49) 泉，横山，岩崎，酒井：日本機械学会論文集（C 編），Vol. 71, No. 702, pp. 204（2005）.

50) 中村真行，服部敏雄，辻本静夫，梅木健：軸直角方向の往復荷重が作用するボルトの回転ゆるみ限界評価，日本機械学会論文集（C 編），Vol. 67, No. 661, pp. 2976–2980（2001）.

51) 航空事故調査委員会報告書 62–2，日本航空㈱所属ボーイング式 747SR–100 型 JA8119，群馬県多野郡上野村山中，昭和 60 年 8 月 12 日，運輸省航空事故調査委員会，昭和 62 年 6 月 19 日

52) 小林，荒居，中村：材料，36, 1084（1987）.

53) 小林：安全工学，26, 338（1987）.

54) 日本材料学会編：金属の疲労，丸善（1964）.

55) ROARKS'S FORMULAS for STRESS and STRAIN 表 11.2

56) C, G. Vankessel: M. IEEE Trans. Comp., Hybrids, Manuf. Technol., CHMT–6, pp. 414（1983）.

57) A, Nishimura: IEEE Trans. Comp., Hybrids, Manuf. Technol., CHMT−12, pp. 639 (1989).
58) D. B. Bogy: J. Appl. Mech., 38, 377 (1971).
59) V. L. Hein and F. Erdogan: Int. J. Fract. Mech., 7, 317 (1974).
60) P. S. Theocaris: Int. J. Eng. Sci., 12, 107 (1974).
61) W. C. Carpenter and C. Byers: Int. J. Fracture, 35, 245 (1987).
62) 笠野英明，松本浩之：日本接着協会誌，21, 373 (1985).
63) H. L. Groth: Int. J. Adhesion and Adhesives, 5, 19 (1985).
64) 服部敏雄，坂田荘司，初田俊雄，村上元：日本機械学会論文集，A−54, 597 (1988)
65) 服部敏雄：材料，39−439, p. 463−469 (1990).
66) 服部敏雄，渡辺孝，応力特異場パラメータを用いた汎用的強度評価基準の検討，日本機械学会論文集（A編），67−661，pp. 1486−1492 (2001).
67) S. Kawai, A. Nishimura, T. Hattori, M. Kitano and T. Shimizu, Materials Science and Engineering, A143 (1991) 247−256

第3章

CAEを用いた強度・寿命設計技術

1. IT氾濫時代での強度設計技術者の心構え

産業界、教育現場に限らず社会すべてがIT機器、IT技術で溢れている。便利になったとはいえ、ハード技術中心で育った当方団塊の世代の技術屋にとっては、何となくおせっかいすぎるサービスが気になる。これからを担う若手ものづくり技術者の将来のためになるかという心配も含めて、これを機会に皆様と一緒に考えさせていただきたい。

最近の車のボンネットの中は、点火プラグ、ディストリビュータ等のハード機器がECGI、ECU等電子機器に取って替わり便利な半面故障があっても何もできない。従って若い技術者も従来のハード機器に触る機会は激減しハード技術離れを招き、例えばトンネル天井板崩落事故、トレーラ、ゆりかもめ、ジェットコースタ等輸送機器のボルト破損……等、工学の最も基礎となるねじ締結の分野でもそのハード技術低下の弊害が露呈されている。最近の機械技術者の中にも、この古典的ものづくり技術の象徴でもあるねじ締結の力学“内力係数”を知らない人が増えてきている。

製品開発の現場でも、とりあえずハードを作り、後は組み込みソフト、制御でカバーするという風潮があるが、いったんこのような開発競争の土俵に持ち込まれると、日本の誇るハード技術は止まり発展途上国に市場を奪われることとなる。誤解されると困るが、これは何もIT技術そのものを否定しようとしているのではなく、技術未習熟のうちに安易にITに頼りすぎないようなしつけ・教育が重要と言っているのである。掛け算の九九のできない小学校低学年の児童に電卓を与えて良くないことはどの父兄も納得するが、同様にIT道具が若い学生、技術者に無制限に与えられていないか。例えばWEB検索、CAD、CAE、……。老人介護用、身障者用のアシスト機器を楽だからと言って健康な若者が使ってはいけないことは分かっていても、近年のパワーステアリング（パワステ）、電動ドア、音声ナビ、動く歩道、インスタント食品……、どんどん怠け癖を作っていないか。我々機械工学教育およびものづくり産業界の技術者育成で心がけたいのは、CAD、CAE等を教える前に、手書きの製図、材力・機力・流力・熱力の手計算演習・実験を徹底的にたたき込む教育である。その土台ができてからIT活用で作業効率UPをはかっていただきたい。

2. 強度・寿命設計と材料力学とFEM解析

こと材料力学の分野に目を向けると、まさにFEM解析というIT技術がものづくり現場での構造強度設計で広く普及・席巻している。これが解析精度、設計スピードの向上に大いに貢献していることに異論はないが、これは団塊の世代を中心としたかつての材料力学を徹底的にたたき込まれた技術者が、便利な道具として活用している今の時代では安心できるが、最初からFEM解析に偏重した教育を受けた技術者が中心となる時代には以下の注意が必要となる。

一般に機械・機器の構造強度設計は、

①構造全体・各部材内の応力分布状態を知る

②各部材の強度特性（破損現象ごとの限界応力）を知る

の2つの情報の比較で行うこととなる。ここで①は一般に材料力学、弾塑性力学を駆使して行うことがまずは基本であるが、現在のものづくり企業での設計等の現場では、コンピュータを活用する設計ツール、つまりCAE（Computer Aided Engineering）ツールを使う場合が多い。そこで本書では、このCAEを有効に使いこなすための盲点、例えば複数のねじ・リベット締結・接合部位を有する全体構造のモデル化、き裂のように応力集中率が無限大となるような部位の強度評価等について概説する。具体的には、応力集中部の応力分布と疲労

強度・疲労寿命、締結・接合部の等価剛性、き裂・応力特異場問題への破壊力学概念の導入等を、できるだけ平易な説明で話させていただく。

最近は弾塑性問題、接触問題、……等、非線形問題の解析が可能となり、高価なソルバーを導入すれば、複雑な問題も高精度で解析できると思いがちである。確かに全体が総削りな一体構造体ならばそうであるが、例えば**図 3.1** 中央に示す 3 本の梁を 4 種類の締結方法で組み立てたとすると、この構造物に外力が加わった場合の各梁の荷重分担は、この 4 種類の締結部の等価剛性が分からないと正確に構造解析できない。動解析では同様に締結部の正確な等価減衰率が分からないと正確に構造解析はできない。もちろんこれら単独の締結部の解析は先述の高度非線形解析技術で可能であるが、このような締結部が数百個あるような構造解析では等価剛性、減衰率の使用が不可欠である。いくら高価なソルバーを駆使してもこれら等価剛性・減衰率の見積もりによって答えはなんとでもなってしまうという危険性がある。結論は、このような等価剛性・減衰率のデータベースを構築するためには、古典的な内力係数、限界すべり等、材料力学モデルに基づいた定式化が不可欠で、このデータベース構築力こそが強

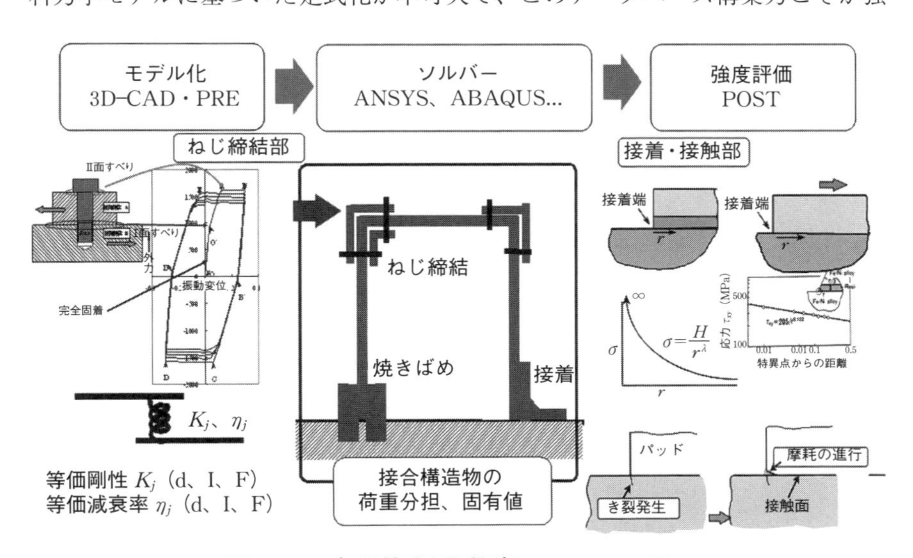

図 3.1　一気通貫 CAE 設計システム・モデル

度設計エンジニアの実力となる。この事前データベース構築の重要性は材料力学分野のみにとどまらず、熱解析での境界熱伝達率、接触面熱伝導率、流体解析での境界粘性率……あらゆるCAE解析での不可欠技術であるとの認識が重要となる。

モデル作成から要素分割作業についても現状、**図3.2**に示すようなCAD（Computer Aided Design）で作成する3次元デジタル図面そのものから、CAEモデラを介して、要素分割図に変換する一見便利な機能が提供されてきているが、この場合にもボルト締結部、接触端・接着端等の扱いは市販のソフトでは、まだまだ非力であり、各解析担当者が自力で上記データベースに基づいて手直しする習慣が必要である。詳細は、日本機械学会での分科会（RC-D6締結・接合・接着部のCAEモデリング・解析・評価システム構築研究分科会）と㈱構造計画研究所が共同で作成した設計ツール・研究報告書[1]および以後の各章、節の説明を参考に願いたい。

以下、応力集中・応力特異場構造、ねじ・リベット締結体別々にCAE解析・

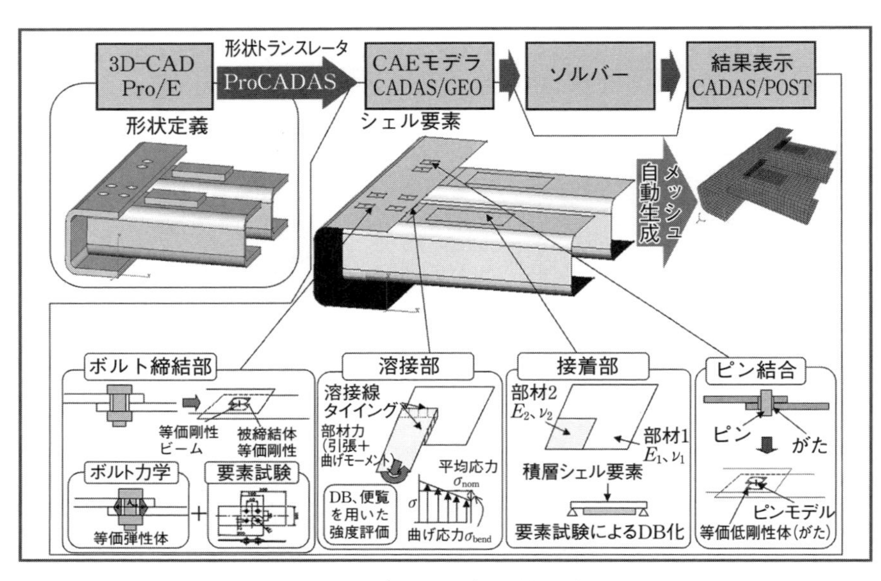

図3.2　CAD/CAE一気通貫設計ツール

設計の留意点について解説する。

2-1 FEM 解析とモデル化

CAE 設計ツールの最終目的は多くの場合疲労強度・寿命評価であるが、そのために効率の良い結果表示、その結果表示に都合の良い要素分割という一連のプロセスを把握しておく必要がある。例えば、**図 3.3** に示す圧縮機インペラの強度評価を行おうとして、FEM 解析をしたとする。このような場合には、通常図 3.3 左のメッシュ分割図のようにインペラの付け根応力集中部を細かく要素を切り、内径方向に直線的な要素分割とする。そうすると、この強度評価はまず付け根部の表面の最大応力の点を探し、その点から内部径方向の応力分布をプロットすると、図 3.3 の●のようになり、このインペラ付け根部の疲労強度は、この図の破線で示す平均曲げ応力 σ_m と、最大曲げ応力 σ_{max} 用いて、応

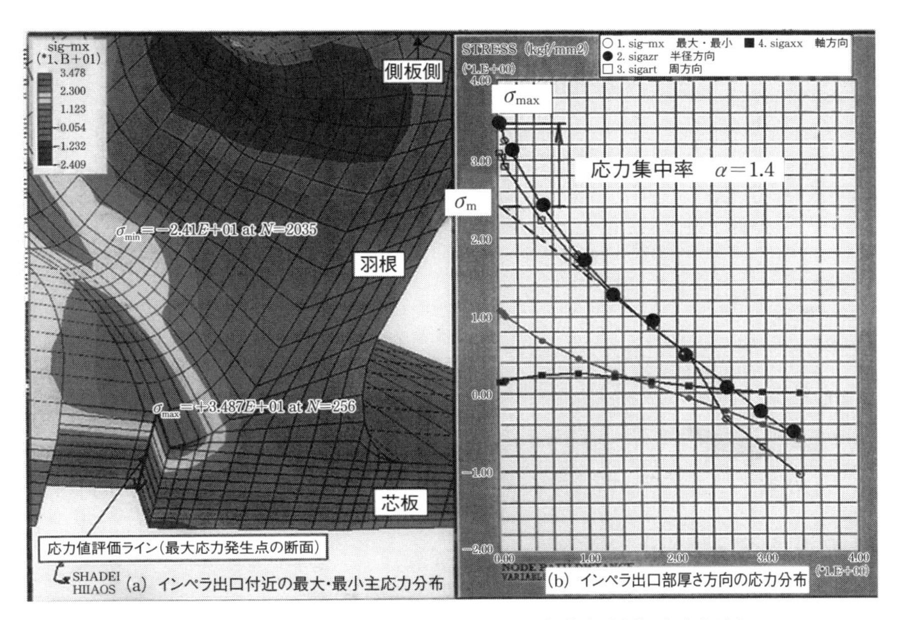

図 3.3 インペラ付け根応力集中部の応力解析と強度評価

力集中率$\alpha=\sigma_{max}/\sigma_m$と、素材の強度レベルから疲労強度低下率（切欠き係数）βを求め、疲労限基準の疲労強度設計をすることとなる。

しかし、一般の構造物、部品の場合には、このような平均応力が外挿できない、応力集中率が定義できない……場合が多い。このような場合にはどうするか？　よく見られるのはとりあえず最大応力σ_{max}（図3.3左上の応力等高線区分の最大値）のみを用いて評価してしまうことである。このような場合、貴重な経費・労力を用いて計算した挙げ句、後述のように一番精度の悪い表面の最大応力を用いて強度評価するという最悪の成果しか得られないということの認識が必要である。

そもそも有限要素法は、**図3.4**にその概要を示すように、対象物を例えば多数の三角形要素に分割し、**図3.5**に示すようにその各要素ごとに加わる節点力fを仮定し、それによって起こる節点変位uを未知数として計算し、隣同士の要素の節点外力の総和が0に（節点力の釣合）、および隣同士の節点変位がすべて等しい（節点変位の適合）という条件で莫大な連立方程式を解くことであり、結果的に求まるのは各要素の節点力である。最終的に求めたい応力分布は、この求めた各要素の節点力から各要素内部の応力を材料力学的あるいは弾性力学的に計算することによって得られる。この各要素内部の応力は、積分点の応力の精度が高いが、座標情報の使いやすさからこれらを外挿、内挿して節点の応

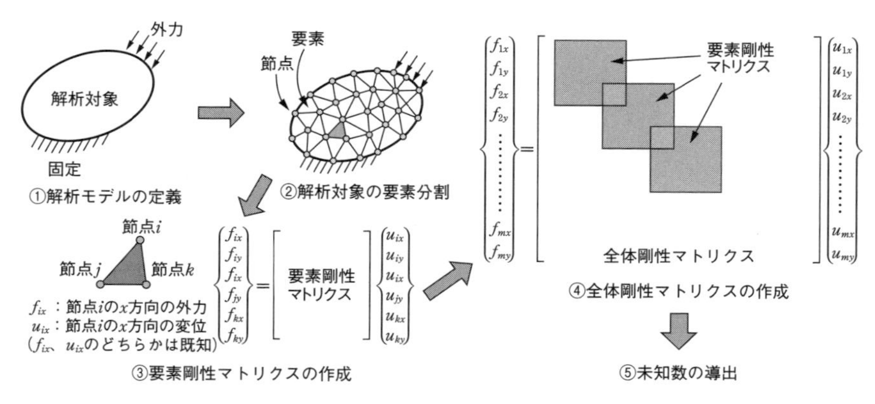

図3.4　有限要素法の手順の概要

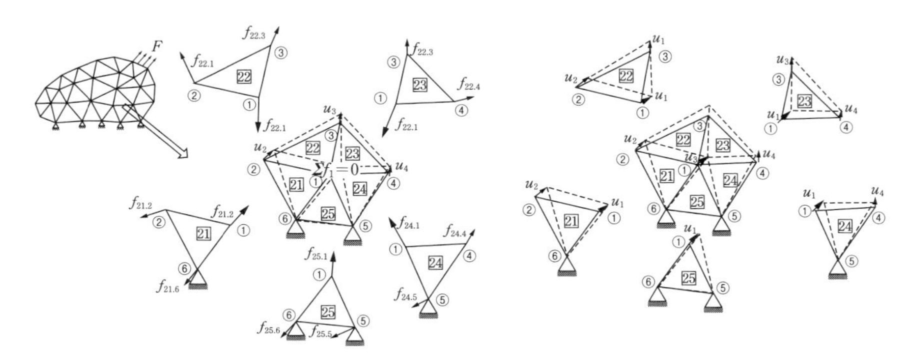

(a) 各要素の力と節点力の釣合　　(b) 各要素の変位と節点変位の適合

図 3.5　節点力の釣合と節点変位の適合の模式図

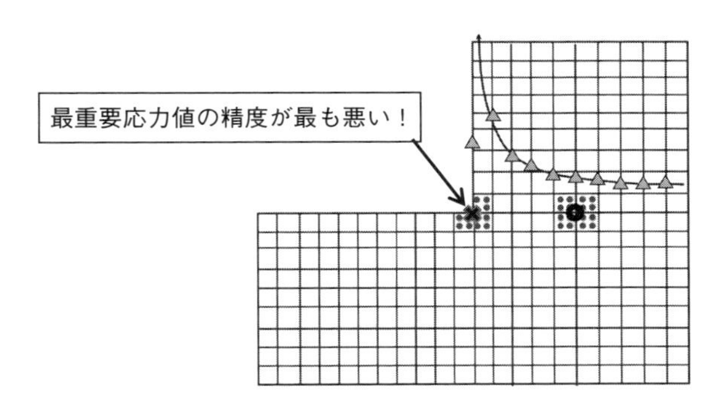

図 3.6　端部節点（応力特異点）応力の外挿近似の問題点

力が最終出力として求められる。この外挿、内挿、平均過程にさまざまな有限要素法の問題がある。

例えば**図 3.6** に示すような接着端、接触端、鋭い切欠き端がある構造を要素分割して有限要素法解析、強度解析を試みるとする。図の太い×印は端部、太い○印は内部の節点とし、小さな●印を互いに隣接する要素の積分点とする。この場合太い○印の内部節点の応力は、この部分の力の流れから見て、隣接要素の最近傍積分点 4 点の応力値に大きな差異はなく外挿、内挿、平均でさほどの問題はないが、太い×印の端部節点の応力は、左側からの応力の分布は比較的なだらかで、右側（内部）からの応力の分布は急増するという特徴がある。そうするとのこの太い×印の端部節点は、隣接積分点の応力値から外挿、内挿、平均しても精度が悪く、例えばこのような外挿、内挿、平均から得られた小さな▲印で示す節点応力分布は、端部のみ正確でなくなることが分かる。このように有限要素法では最も求めたいと思っていた応力集中部位、コーナ部は、表面で最も精度が悪くなる宿命を有していることに注意する必要がある。これらの対策として、1つの最大応力に注目するのではなく、端部近傍の応力分布に注目して強度評価する実践的方法を以下に述べていく。

2-2　要素分割（メッシュ）

実践的要素分割であるが、ここで注意すべきことは、き裂端、接触端、接着端、溶接止端……のような、鋭いコーナ部が存在する場合である。このような部位は、後の強度評価の項でも述べるが、端部で応力が無限大になる応力特異場になっているため、最後の結果表示・強度評価の時点で局部的な応力分布が必要となり、その時に都合の良いようにこの段階で要素分割に工夫が必要となる。例えば**図3.7**は、2次元の鋭いコーナの一例を示すが、このような場合には、コーナー最先端を中心とする同心円線と放射状線よりなる要素分割を行い、

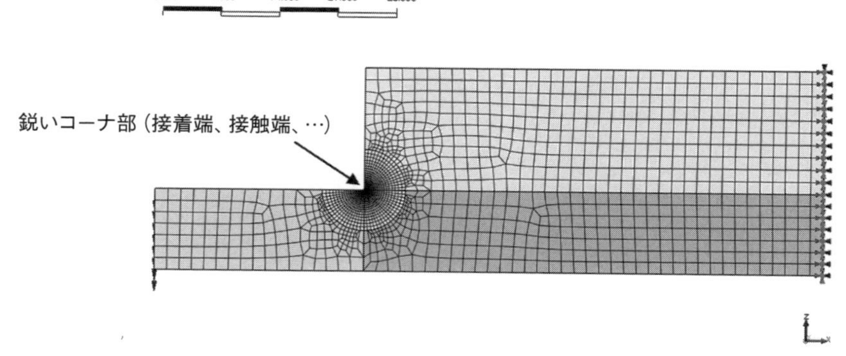

図3.7　鋭いコーナ部（き裂端、接触端、接着端、溶接止端）の要素分割状況[1)]

後の計算結果表示で端部起点とする種々の方向への応力分布の表示が可能としておくと、この部位の強度評価がしやすくなる。

これらモデル作成から要素分割作業は、現状上記図3.2に示すようなCAD（Computer Aided Design）で作成する3次元デジタル図面そのものから、CAEモデラを介して、要素分割図に変換する一見便利な機能が提供されてきているが、この場合にもボルト締結部、接触端・接着端等の扱いは市販のソフトでは、まだまだ非力であり、各解析担当者が自力で上記データベースに基づいて手直しする習慣が必要である。詳細は、日本機械学会での分科会（RC-D6締結・接合・接着部のCAEモデリング・解析・評価システム構築研究分科会）と㈱構造計画研究所が共同で作成した設計ツール・研究報告書[1)]および以後の各章、節の説明を参考に願いたい。

2-3　FEM結果表示と強度・寿命評価

CAE設計ツールの最終段階は、強度・寿命評価であるが、そのために効率の良い結果表示、その結果表示に都合の良い要素分割という一連のプロセスを把握しておく必要がある。最も一般的な強度評価は、応力集中率、疲労強度低下率に基づく疲労強度評価であるが、複雑な実構造物では試験片の世界と違い明確な平均応力、応力集中率、疲労強度低下率が定義できない場合がほとんど

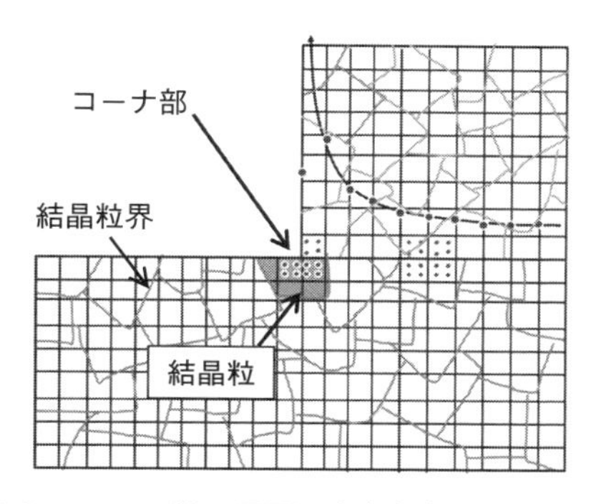

図3.8　コーナ部のFEM応力解析結果と結晶粒

である。そもそも上述のごとくFEMの宿命として表面の最大応力算出は非常に不利である。各節点では力は求まるが応力は要素内でしか求まらない。節点の応力はこの要素内部応力を内挿したりして出力はしているが、ゆえに応力分布が急変しているコーナ部、端部の出力応力値は大いに誤差をもった値となる。そもそも金属材料の強度は**図3.8**中ハッチングで示す100 μm オーダーの結晶粒内の平均的な値で決まるものであり、あまりこの精度の悪い最大応力にこだわらずに端部近傍全体の応力分布そのものに注目する視点が重要となる。

(1) 応力特異場パラメータによる強度評価

応力分布そのものに着目する代表例が、接触端・接着端のような応力特異場の強度評価である。このような場合には

$$\sigma(r)=H/r^{\lambda} \tag{1}$$

に示すごとく、最大応力は無限大となるため、有限メッシュサイズで解析したFEM解析での最大応力は何の意味もなく、2つの応力特異場パラメータ、つまり特異性の指数λと応力特異場の強さHで評価する方法を解説したが、その場合のCAE対応としては、まず上記図3.7に示したような特異場近傍のメッシュ要素分割を行い、これらの各方向の応力分布から支配的な応力特異場パラメータを最小2乗法等で求め、強度評価する。これについては専用の設計ツール

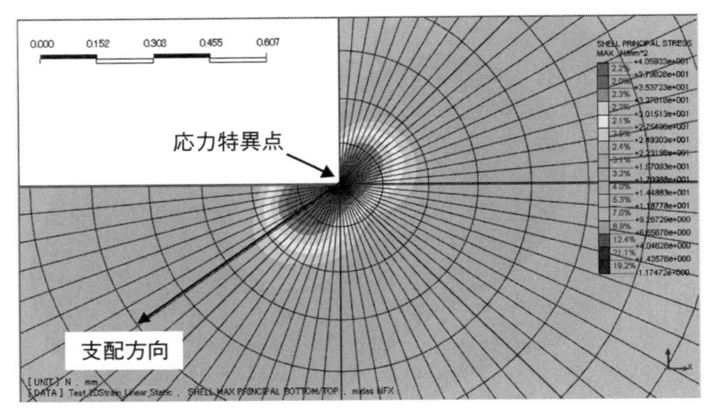

図3.9 応力特異点近傍最大主応力分布（最大値40.6 MPa）拡大図[1)]

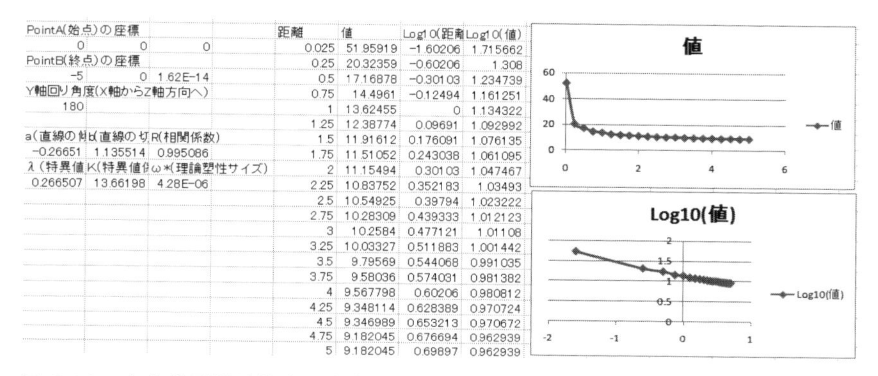

PointA(始点)の座標		
0	0	0
PointB(終点)の座標		
-5	0	1.62E-14
Y軸回り角度(X軸からZ軸方向へ)		
180		
a(直線の傾	b(直線の切	R(相関係数)
-0.26651	1.135514	0.995086
λ(特異値	K(特異値	ω*(理論塑性サイズ)
0.266507	13.66198	4.28E-06

距離	値	Log10(距離	Log10(値)
0.025	51.95919	-1.60206	1.715662
0.25	20.32359	-0.60206	1.308
0.5	17.16878	-0.30103	1.234739
0.75	14.4961	-0.12494	1.161251
1	13.62455	0	1.134322
1.25	12.38774	0.09691	1.092992
1.5	11.91612	0.176091	1.076135
1.75	11.51052	0.243038	1.061095
2	11.15494	0.30103	1.047467
2.25	10.83752	0.352183	1.03493
2.5	10.54925	0.39794	1.023222
2.75	10.28309	0.439333	1.012123
3	10.2584	0.477121	1.01108
3.25	10.03327	0.511883	1.001442
3.5	9.79569	0.544068	0.991035
3.75	9.58036	0.574031	0.981382
4	9.567798	0.60206	0.980812
4.25	9.348114	0.628389	0.970724
4.5	9.346989	0.653213	0.970672
4.75	9.182045	0.676694	0.962939
5	9.182045	0.69897	0.962939

図 3.10　応力特異場近傍支配方向の応力分布と応力特異場パラメータの自動算出[1)]

として開発された参考文献 1）に詳細示されているが、概要は図 3.7 に従い作成した放射・同心円状に切った応力特異点近傍の要素分割内の応力分布解析結果（**図 3.9** 参照）から、支配方向の放射線状の線に沿っての応力分布を**図 3.10** のごとく抽出、自動プロットし、これの両対数表示結果から 2 つの応力特異場パラメータ、特異性の指数 λ と応力特異場の強さ H を自動算出し、これらの限界値（素材ごとのデータベース）と比較して強度評価する。

(2) 特定位置応力法 r_C、L_C による強度、寿命評価

局所応力分布が複雑で平均応力が定義できない場合、あるいは先ほどの応力特異場領域の強度評価の場合には、以下に述べる特定位置応力法も有効である。特定位置応力強度評価法は、応力分布の両極端つまり平滑材と、き裂材のそれぞれの疲労限 σ_{w0} と、き裂進展限界応力拡大係数範囲 ΔK_{th} での応力分布の交点 r_C（point method)、あるいは囲まれた面積が等しくなる点 L_C（line method）を求め、評価対象とする部材の応力分布が上記と同じ条件になったとき疲労限になると評価する方法である（**図 3.11** 参照)。それぞれの位置は以下のごとく示される。

point method では　$r_C = (\Delta K_{th}/\Delta\sigma_{w0})^2/2\pi$　(2)

line method では　$L_C = 2(\Delta K_{th}/\Delta\sigma w_{w0})^2/\pi$　(3)

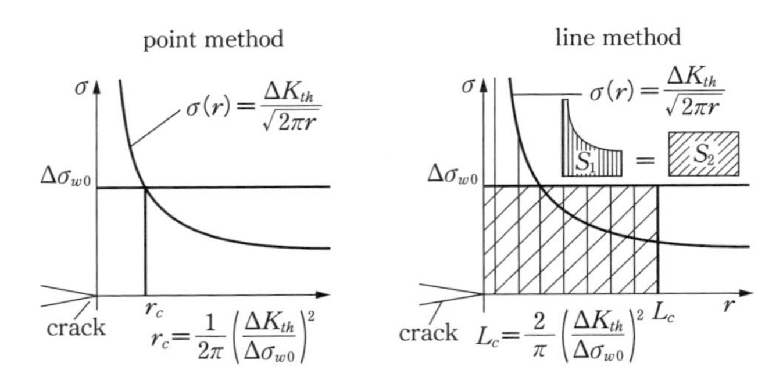

図3.11　特定位置応力法の模式図

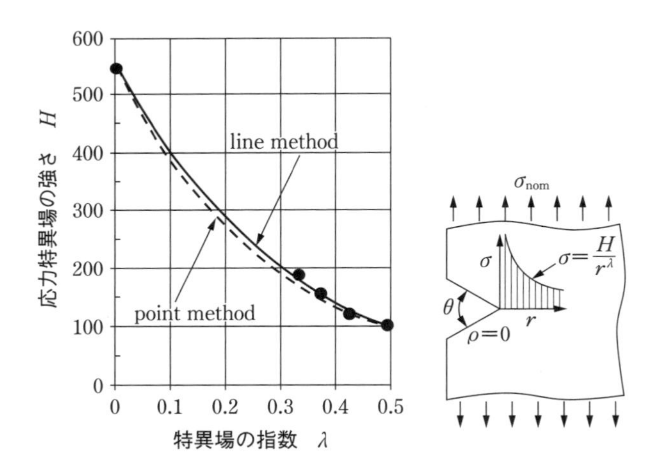

図3.12　応力特異場パラメータ適用、鋭い切欠材のき裂発生限界（HT60鋼）[2)]

前出(1)式の特異場状態となっている鋭い切欠き材に特定位置応力法を適用すると、き裂発生限界応力特異場の強さΔH_{th}と特定位r_C、L_Cの関係は以下のごとく求まる。

point methodでは　$\Delta H_{th}=\Delta\sigma_{w0}r_C{}^{\lambda}$　(4)

line methodでは　$\Delta H_{th}=\sigma_{w0}L_C{}^{\lambda}$　(5)

HT60鋼材（$\Delta\sigma_{w0}=547$ MPa、$\Delta K_{th}=7.5$ MPa$\sqrt{\mathrm{m}}$）に適用した結果を**図3.12**に示すと、それぞれ図3.12の破線及び実線のごとくなる。応力特異場パラメー

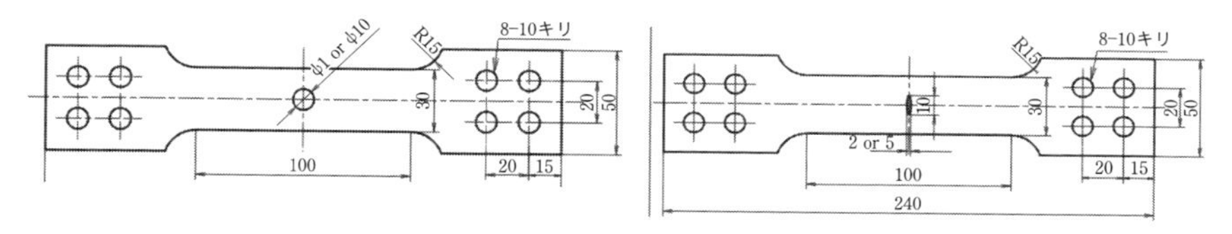

図 3.13　円孔および楕円孔応力集中部のモデル

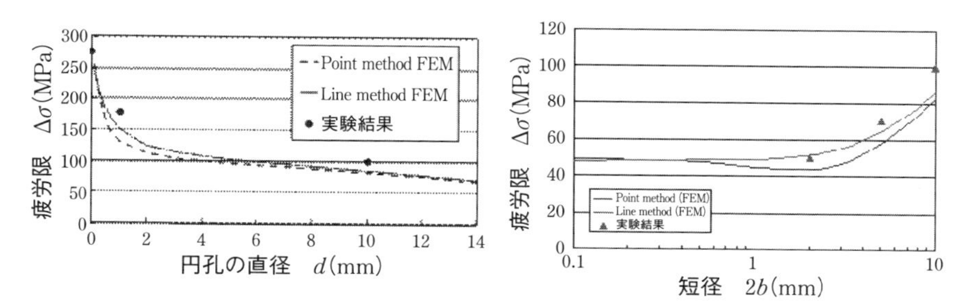

図 3.14　円孔(上)および楕円孔(下)応力集中部の疲労限予測結果と実験結果の比較

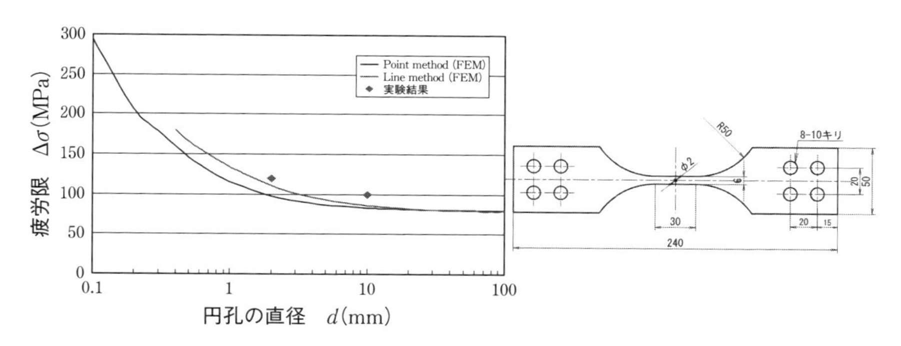

図 3.15　1/5 寸法試験片および寸法効果の影響予測と実験結果の比較

タでの実験結果を図中●で示すが予測結果とよく一致していることが分かる。

この方法を、さらに**図 3.13** に示す円孔、楕円孔の疲労限評価に適用した結果を**図 3.14** に示すが、いずれの予測結果も実験結果と比較的よく一致しており予測精度は十分と考えられる。

特定位置法ではおのずと寸法効果の影響を考慮していることになり、実物対応の CAE 強度評価に好都合である。例えば**図 3.15** に、図 3.13 の円孔試験片と

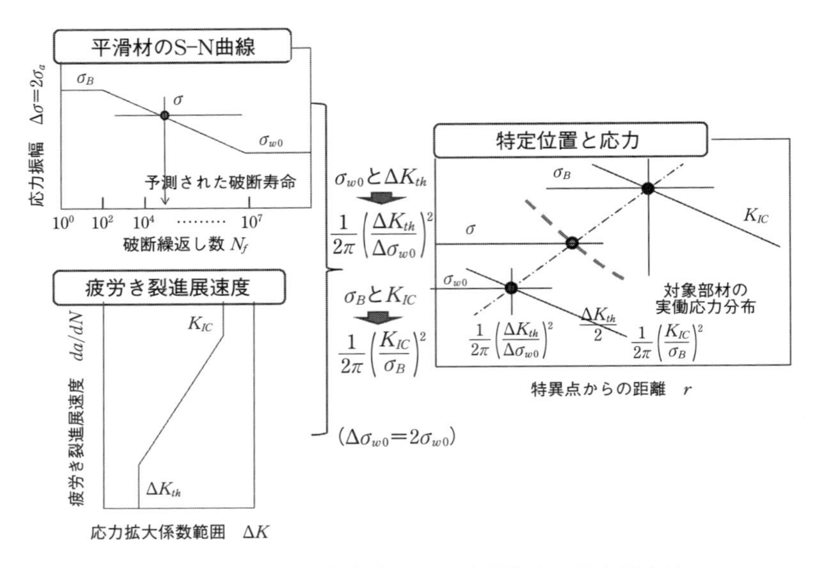

図 3.16 特定位置応力法による疲労強度・寿命推定法

まったく寸法的には相似で、1/5 の試験体を示す。これの疲労限の予測結果と実験結果も**図 3.16** に示すが、寸法効果に対しても十分な予測精度があることが分かる。

上記特定位置応力法は、そもそも疲労限予測のためのものであるが、この方法も、同じように σ_B、K_{IC}、あるいは平滑材の低繰返し数領域の疲労特性が分かれば任意の形状、応力分布下の部材の低繰返し数領域疲労強度・寿命の評価に適用できると考えられる。具体的には上記 σ_{w0}、ΔK_{th} を用いた疲労限対応特定位置 r_C、L_C と、σ_B、K_{IC} を用いた静的強度対応特定位置 r_C'、L_C' を図 3.16 右に示すように内挿して、実構造部材の低繰返し数領域の疲労強度・寿命を予測する。この内挿の最も単純な直線補間を考えると、低サイクル疲労領域の特定位置は図 3.16 右の一点鎖線の上に存在すると仮定される。従って、実構造部材の実働応力をこの図上に破線のごとくプロットすると、この一点鎖線と破線の交点から求められる特定位置応力 σ を、図 3.16 左上の平滑材の S–N 曲線から、この応力状態での破断寿命が予測できる。

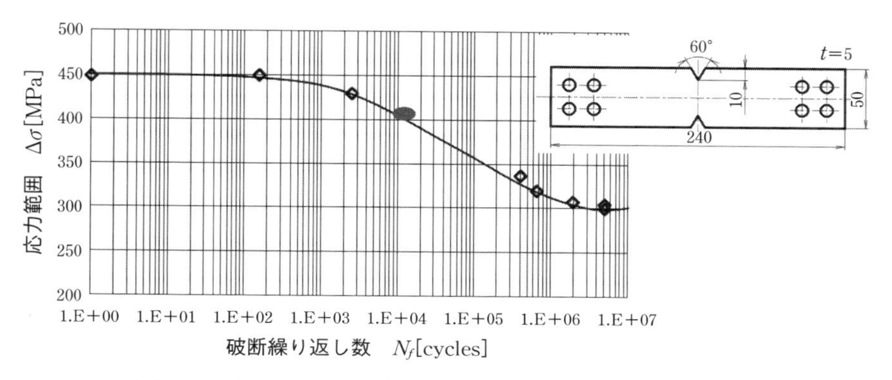

図 3.17 V ノッチ試験片と SS400 の平滑試験片の S–N 曲線

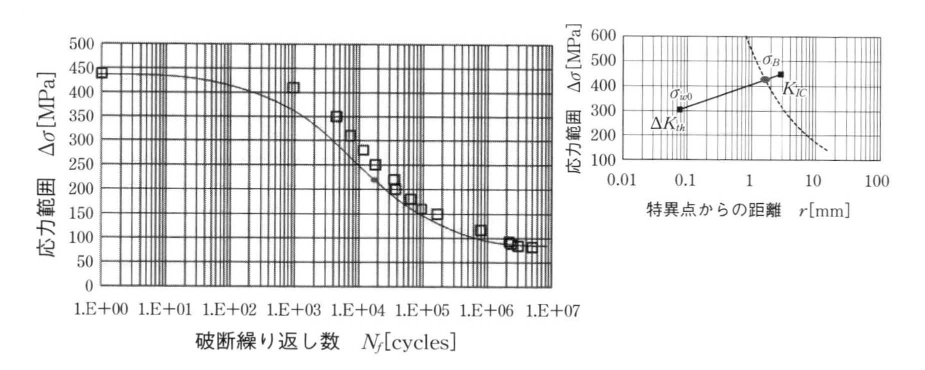

図 3.18 V ノッチ試験片の S–N 曲線の予測と実験結果

以下にこの方法を用いた、V ノッチ試験片の疲労強度・寿命評価結果を示す。**図 3.17** に実験に用いた試験片の形状および平滑試験片の S–N 曲線を示す。素材の機械的特性を用いて算出した疲労限対応特定位置 r_C と静的強度対応特定位置 r_C' は、それぞれ**図 3.18** 右図のように求められる。ここで、V ノッチ試験片に、繰返し応力 $\sigma_{\mathrm{nom}}=220$ MPa が負荷される場合の疲労寿命を求めよう。この負荷下の V ノッチ近傍の応力分布を図 3.18 上図に破線で描くと、上記両者の特定位置の内挿直線との交点（$N_f=1.4\times10^4$）が予測される疲労寿命となる。このようにして各々の繰返し応力に対して疲労寿命を予測すると、図 3.18 左図に実線で示す S–N 曲線が求まる。

この予測結果は、実験結果と比較的よく一致しており、この予測法の妥当性が確認できた。

3. まとめ

IT技術をブラックボックス化しないで、常にハード技術視点での改良・保持の努力が必要であることを強度設計者を例に述べさせていただいた。特にCAE解析・設計ツールを使いこなしていく上での、モデル作成、メッシュ分割、結果表示、強度・寿命評価各過程での問題点、対策の勘所、新しい手法等を概説した。思いは、これらの設計ツールの開発・維持の主役はFEM解析の専門家、材料科学の専門家ではなく、製品というハード、破損・事故現象というハード技術を知り尽くした設計現場技術者であるということである。特に最後の特定位置法は、これまで応力集中部位では、応力集中率と疲労強度低下率、鋭い切欠き・接着・接触端では応力特異場パラメータ、き裂先端では破壊力学パラメータ、低サイクル疲労ではひずみ幅……と、それぞれの分野の専門家が別々に開発した別々の手法での評価が必要で、CAEの一貫性の上で大きな障害となっていたものをとにかく設計現場志向の思いで改良したものである。是非ご活用願いたい。

[参考文献]

1）日本機械学会 研究協力事業委員会編：RC–D6締結・接合・接着部のCAEモデリング・解析・評価システム構築研究分科会　研究報告書（2011）.

2）服部敏雄、渡辺孝：応力特異場パラメータを用いた汎用的強度評価基準の検討、日本機械学会論文集（A編）、67–661, pp. 1486–1492 (2001).

第4章

強度評価・設計事例

1. フレッチング疲労

1-1　はじめに

フレッチングは2つの相対する部材が互いに面圧を受けながら繰返し負荷を受け、接触面に繰返し微小すべりが生ずる場合に起こる。このような条件は、ねじ締結あるいはリベット継手[1)2)]、しまりばめ軸継手[3)4)]、ターボ機械の翼／ダブテイル継手[5)6)]等に見られ、特に疲労強度がフレッチング条件でない場合の1/3以下にまで低下するということで、機械・構造設計上重要ポイントとして注意を払われてきた。

この強度低下はき裂の発生起点となる接触端部の応力集中である。これまでは、この応力集中を有限要素法[7)]あるいは境界要素法を用いて解析し、この見かけの応力集中率からフレッチング疲労強度低下率を予測する方法がとられてきた[3)5)]。しかしながら厳密には、この接触端近傍の応力分布は応力特異場を呈し最大応力は無限大となり見かけ上の応力集中率では汎用的な強度評価ができない。

過去この接触端部の応力状態を示す2つの応力特異場パラメータを用いたフレッチング疲労き裂発生の予測法を提案し[8)～10)]、さらに破壊力学を用いたフレッチング疲労限、疲労寿命の予測法も提案されてきている[10)～13)]。

しかしこのような応力特異場パラメータあるいは破壊力学のみを用いたフレッチング疲労強度、疲労寿命の予測法では産業界の広い領域で問題となっている超高サイクル領域でのフレッチング疲労事故が解明できないという問題があった。例えば第 2 章 2–3 節に示す、英国で 1970 年代に起こった 660MWA ターボ発電機ローターのフレッチング疲労破損事故[14]では、負荷の繰返し数は 1 年で 1.6×10^9 を数えるが数年間の稼動後の事故を考えるととてつもない超高サイクル領域の損傷となり、応力特異場パラメータあるいは破壊力学のみを用いた予測法では説明できなかった。

この超高サイクル領域のフレッチング疲労強度、疲労寿命予測の問題点は、これらの解析がすべて初期状態の形状を対象としており、フレッチング負荷中に接触面に発生する摩耗の進行を無視していたことであると考えられる。そこで、ここではこの接触面での摩耗の進行を予測し、さらにこの摩耗を考慮に入れた応力解析、破壊力学解析を行い、フレッチング疲労強度、疲労寿命を予測する方法を紹介する。

一般にフレッチング疲労の事例は、このような超高サイクル下の損傷が主であるが、回転体のような場合には起動／停止による低サイクル領域の強度・寿命の予測も必要となるため、最後に特定位置応力を用いた低サイクルフレッチング疲労強度・寿命予測法についても言及した。これにより実際の機械の低サイクルから超高サイクルまで含めた全領域のフレッチング強度寿命をうまく説明できると考える。

1–2　フレッチング疲労の力学条件

接触負荷下での力学条件では、押し付け力（面圧）P と接線力 Q の関係が、

$$P = Q/\mu \tag{1}$$

の場合、つまり 2 つの物体が全面的にすべる条件での挙動、つまり摺動状態での損傷は多く見られるが、この条件下の表面損傷挙動は、一般にトライボロジーとして扱われる。これに対してフレッチング損傷は、

$$P > Q/\mu \tag{2}$$

の条件、つまり 2 つの物体の一部が固着状態にある**図 4.1** のような場合の損傷

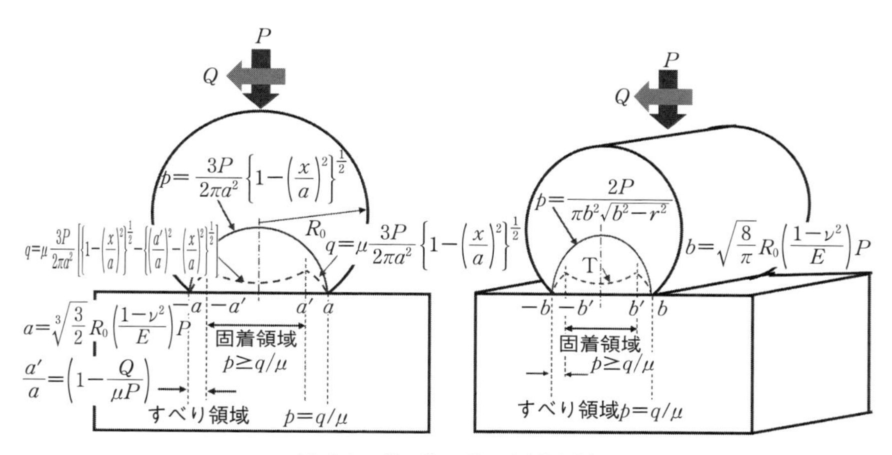

図 4.1　$P>Q/\mu$ 時の固着領域

であると言える。これらの場合、接触領域 $-a \Leftrightarrow a$ あるいは、$-b \Leftrightarrow b$ の内部の、$-a' \Leftrightarrow a'$ 間あるいは $-b' \Leftrightarrow b'$ 間では、面圧 p が接線応力 q に対して高く、

$$p>q/\mu \tag{3}$$

を満足させる領域となっており、この領域が固着領域となる。

このような条件は、転がり軸受の場合にも存在する。一般に転がり軸受の正常稼働中は、潤滑油が介在し摩擦係数 μ が非常に小さくなり(2)式を満たしており、全面すべり状態つまりトライボロジーとして扱われる領域であるが、回転静止の状態で面圧のみ繰返しかかる、つまり回転機械の輸送時等には、ボールとレースはマクロ的にはすべらないで、潤滑油切れの状態で繰返し振動負荷が加わると(2)式の条件となり、フレッチング損傷が発生する。この損傷面を**図 4.2** に示す。ただし、このような球体あるいは円筒体の接触は、端部での面圧が比較的低く接触端部での応力は低い摩耗支配の損傷で、フレッチング摩耗と呼ばれている。しかし**図 4.3** に示すように平面状物体間の接触で、かつ母材側の物体そのものに繰返し負荷が加わる場合には、この繰返し負荷中の母材と押付片との弾性変形の違いから接触端部に微小な相対すべりと、接触端部での大きな応力集中を引き起こし疲労き裂の発生、つまりフレッチング疲労を引き

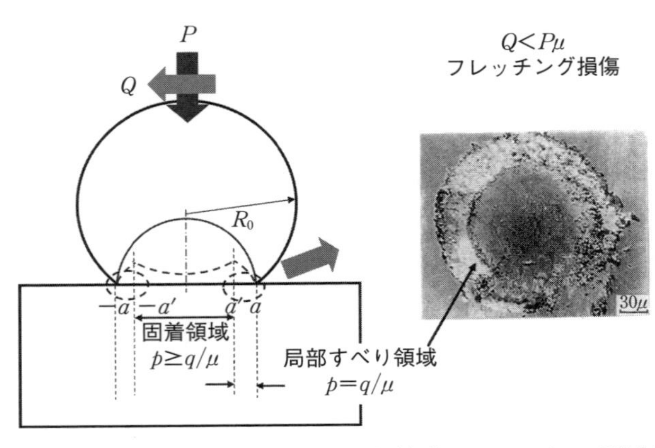

図 4.2　無回転振動負荷下の転がり軸受のフレッチング損傷

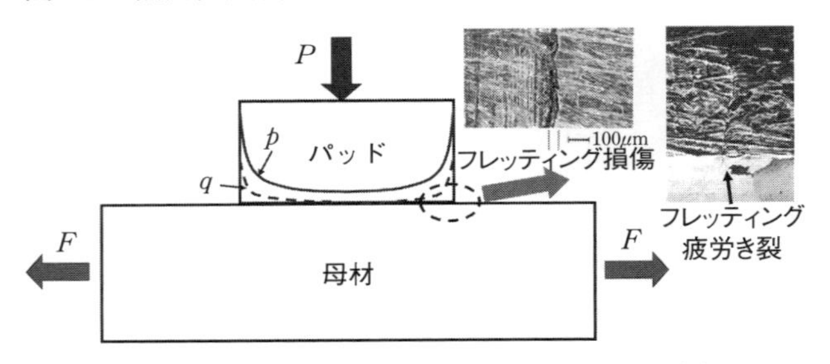

図 4.3　平面状物体間の面圧、接線力の分布[3)12)13)]

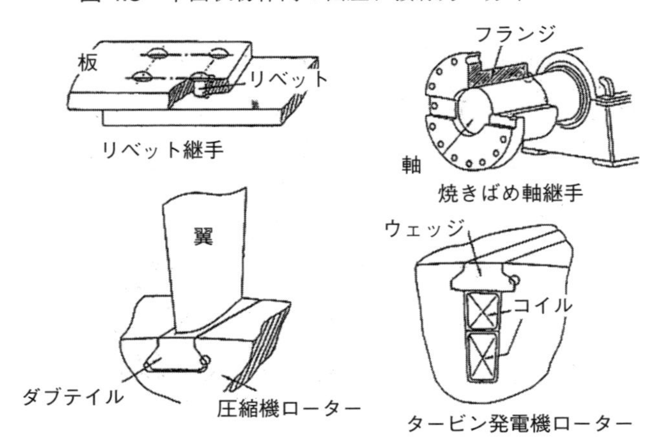

図 4.4　フレッチング疲労損傷代表部位[14)]

起こすことになる。

　このような条件は、多くの機械・機器の締結や接合部によく見られ、これらの部位の疲労強度の低下をきたすことから強度設計上最も注意すべき部位と言える。例えば、**図 4.4** に示すようなリベット・ボルト継手、焼きばめ軸継手、ターボ機械動翼はめ込部、タービン発電機コイルウエッジ部などである。

1-3　フレッチング疲労のメカニズム

　図 4.5 を用いてフレッチング疲労のメカニズムを概説する。そもそも接触端は応力特異場状態となっており、著しい応力集中から容易に微小き裂が発生す

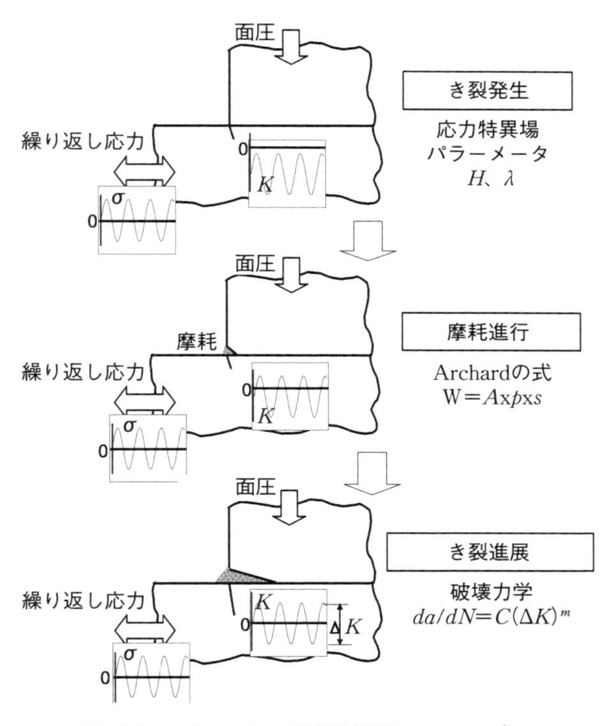

図 4.5　フレッチング疲労損傷のメカニズム

る。この微小き裂発生条件は応力特異場パラメータで評価できる[8)~10)]。しかしこの微小き裂は、き裂近傍に作用する接触面圧により閉口傾向にあり進展性は低いが、接触端部が摩耗し面圧が低下すると微小き裂は開口傾向となり進展しやすくなる。従ってフレッチング疲労寿命の多くは、この接触端に発生した微小き裂の進展が支配することとなる。そこでこのフレッチング疲労寿命を予測するためには、この摩耗挙動の正確な評価が不可欠となる。ここでは、まず最初に接触端近傍での摩耗の進行の予測式を提案し、次にこの摩耗の進行を考慮したき裂進展評価法を紹介する。

図4.6に、この摩耗のプロセスを組み込んだフレッチング疲労寿命解析フローを示す。ある負荷条件でのFEM応力解析に基づく面圧と相対すべり量から摩耗を予測し、その摩耗に準じて接触端部の形状を修正し、応力解析、破壊力学解析をする。稼働負荷中の応力拡大係数範囲ΔKが素材のき裂進展限界応力拡大係数範囲ΔK_{th}より小さく裂進展しないようなら再度面圧、相対すべり量を解析し摩耗の進行を予測する。これを順次繰返し、稼働負荷中の応力拡大係数範囲ΔKが素材のき裂進展限界応力拡大係数範囲ΔK_{th}より大きくなり、き裂の進展する条件に陥った時、これをその負荷条件でのフレッチング寿命とする。

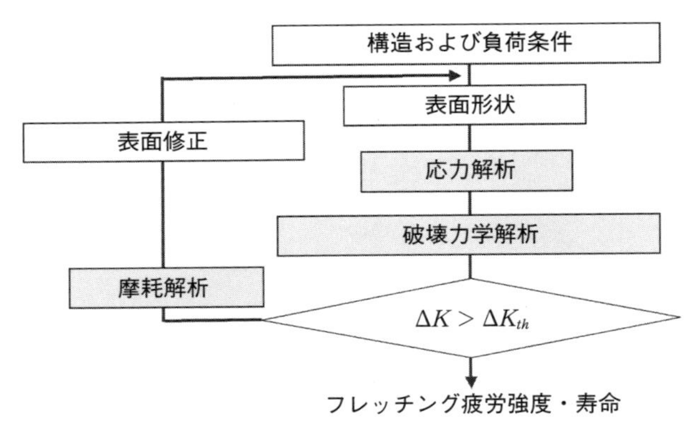

図4.6　フレッチング疲労プロセスと解析フローチャート

1-4 応力特異場パラメータを用いたき裂発生評価

ここでは応力特異場パラメータを用いたフレッチング微小き裂の発生予測、それを用いた接触端部構造の最適化について述べる。

一般に**図 4.7** に示すような接触端近傍の応力分布は、前述の接着端と同様、2つの応力特異場パラメータ H と λ で表わされる。特異性の指数 λ は、各々の材料の弾性係数、接触端の角度、摩擦係数によって決まる。**図 4.8** の単純なフレッチングモデルの解析例を**図 4.9** に示す。接触端角度がそれぞれ 90°、80°、60° および 45° の場合の接触端近傍の応力分布を下記(4)式にベストフィットして求めた H と λ を図中に示した。

$$\sigma = H/r^{\lambda} \tag{4}$$

このようにして求めた応力特異場パラメータを、素材（Ni–Mo–V 鋼）の疲労強度データベース（σ_{w0} 等)、破壊力学データベース（ΔK_{th} 等）より求めたき

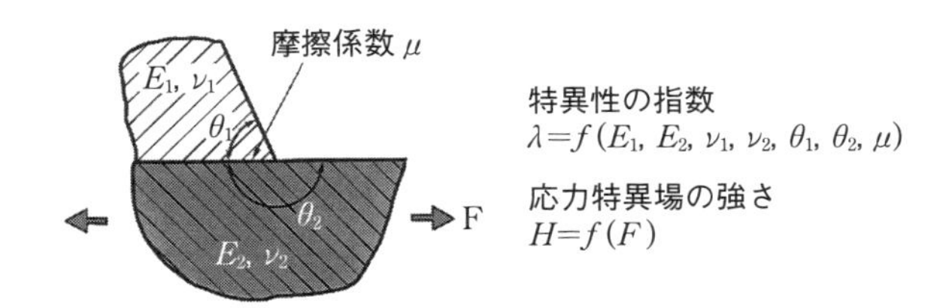

図 4.7　接触端の形状と応力特異場パラメータ

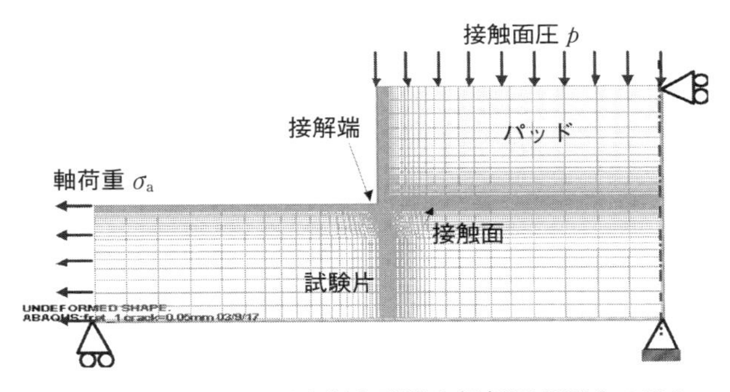

図 4.8　フレッチング疲労き裂発生解析用 FEM モデル

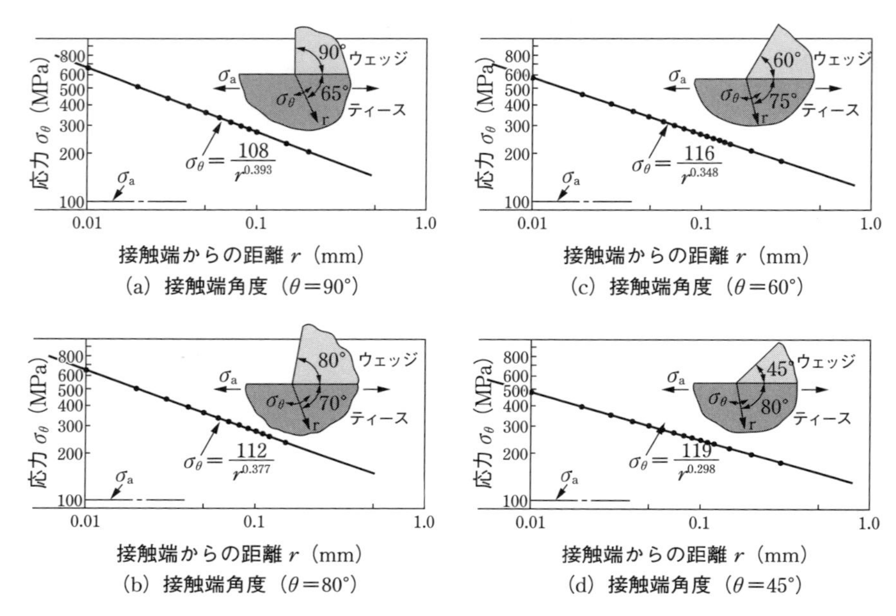

(a) 接触端角度 (θ=90°)

(c) 接触端角度 (θ=60°)

(b) 接触端角度 (θ=80°)

(d) 接触端角度 (θ=45°)

図 4.9　接触端部の応力分布

裂発生限界基準（**図 4.10**、第3章2–3 (2) 特定位置応力法[15]による強度、寿命評価および第4章4–4参照）と比較することにより、フレッチングき裂発生強度が、**図 4.11** のごとく求まる。この図から、接触端角度を $\pi/3$ 以下にするとフレッチング疲労き裂発生強度を高めることができることが分かる。従ってフレッチング疲労強度の観点から言えば、接触端の形状は、**図 4.12** の左側の形状よりも右側の形状が適切であることが分かる。

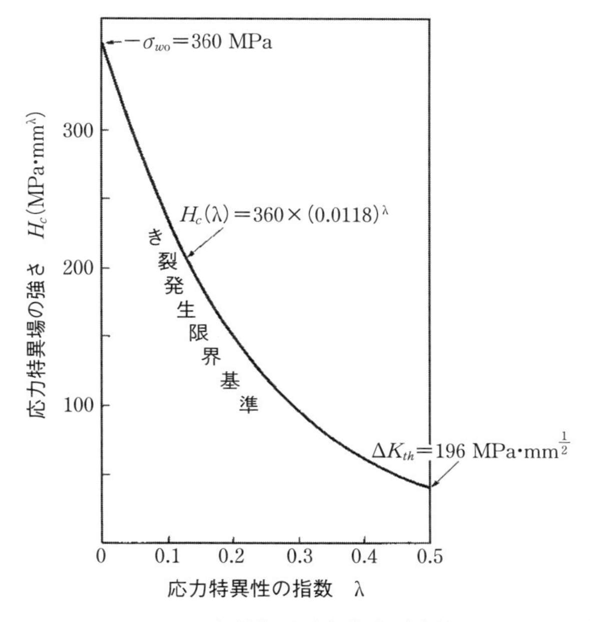

図 4.10 フレッチング疲労き裂発生基準（素材；Ni–Mo–V 鋼）

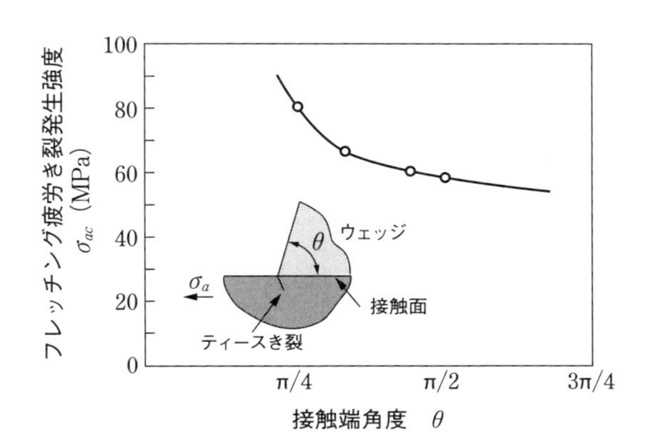

図 4.11 接触端角度とフレッチング疲労き裂発生強度

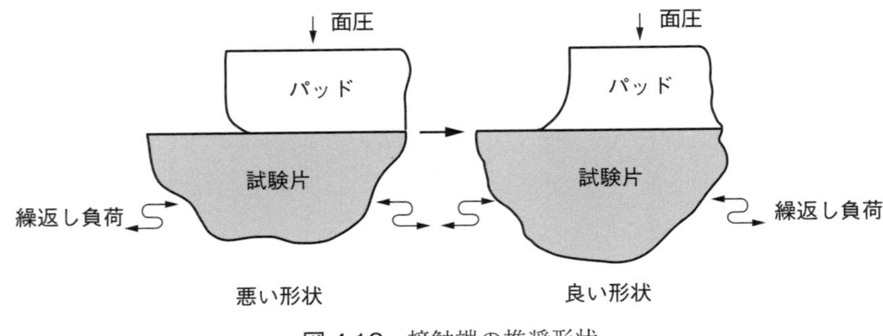

図 4.12　接触端の推奨形状

1-5　摩耗を考慮したき裂進展評価（高サイクル疲労）

次に、この接触端に発生した微小き裂の摩耗進行に伴いながらの進展を予測する。

（1）摩耗解析

古典的な Archard の式によれば、接触面の摩耗は下記(5)式で示される。

$$W=K\times P\times S \tag{5}$$

ここで W は摩耗量、P は面圧、S は相対すべり量、K は摩耗係数である（**図 4.13** 参照）。

前述の図 4.8 に示すフレッチングモデルを用いて FEM 応力解析、変形解析を行い、この解析結果より得られた面圧および相対すべり量と(5)式を用いて摩耗の進行を予測する。このように計算される摩耗進行の予測量と、フレッチング疲労試験中のフレッチング摩耗進行量の実測値（一例を**図 4.14** に示す）との比較から摩耗係数は 1.15×10^{-10} [mm^2/N] と求まった（素材；Ni–Mo–V 鋼）。

図 4.15 に初期（摩耗なし）状態での試験片およびパッドの変形解析結果を示す。この結果を用いて、試験片およびパッドの半負荷サイクル（−50 MPa → +50 MPa）での相対すべり量は**図 4.16** のごとく求まる。そしてこの相対すべり量と**図 4.17** に示す初期（摩耗なし）状態での面圧分布の積と摩耗係数より、

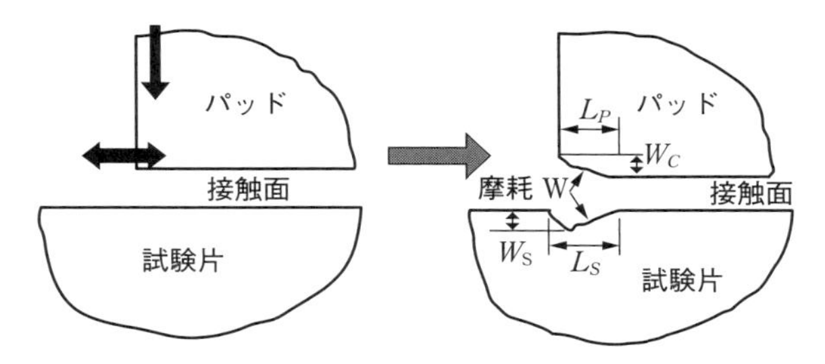

図 4.13　接触面圧と相対すべり量を用いた摩耗解析

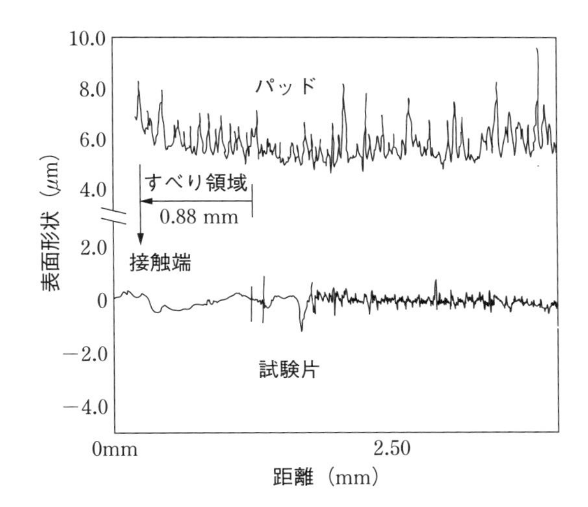

図 4.14　フレッチング摩耗の実測結果（σ_a=110 MPa、N=2×10^7(Ni–Mo–V 鋼)）

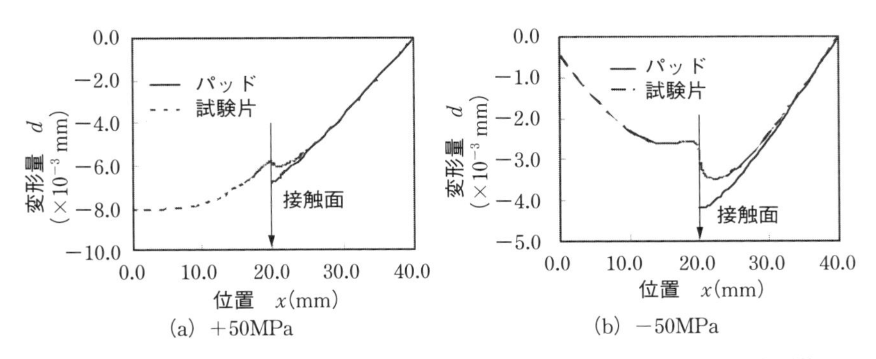

図 4.15　初期（摩耗なし）状態での試験片およびパッドの接触面での変形状況

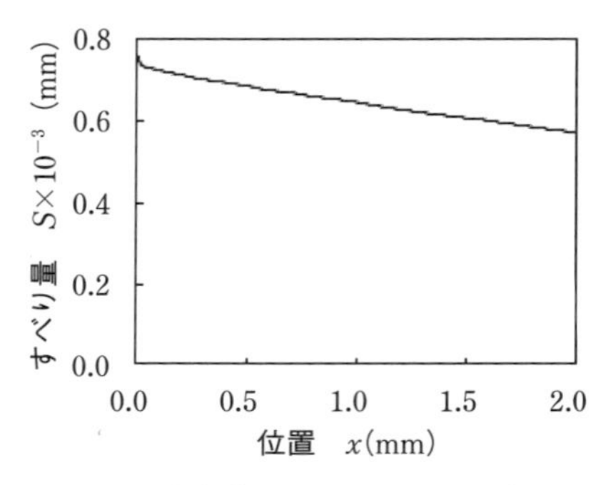

図 4.16　半負荷サイクルでの相対すべり量（摩耗なし、−50 MPa→+50 MPa）

図 4.17　接触端近傍での接触面圧（摩耗なし）

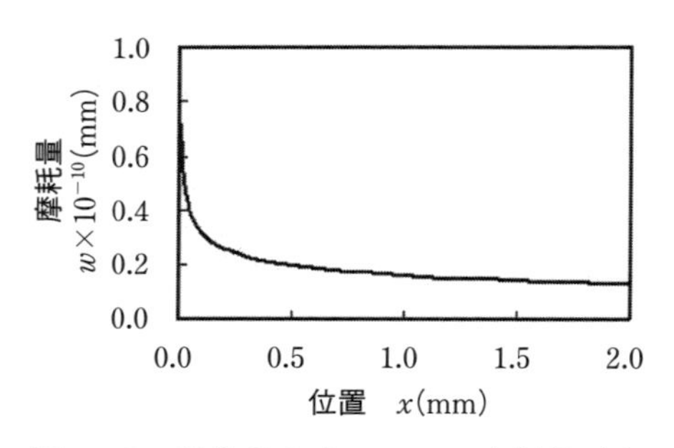

図 4.18　半負荷サイクルでの摩耗量（摩耗なし、−50 MPa → +50 MPa）

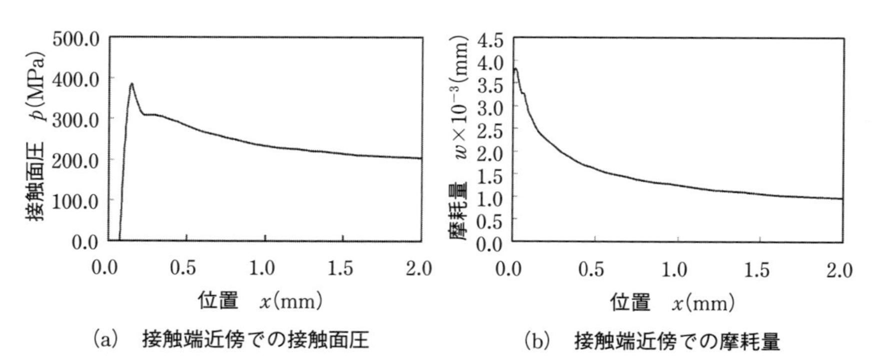

図 4.19　フレッチング疲労中の接触面圧、摩耗量の解析結果（σ_a=62 MPa、N=3.6×10^7）

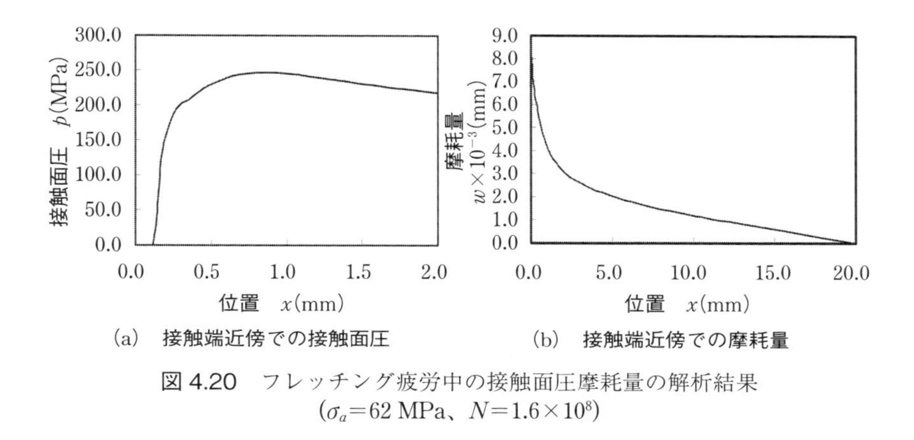

図 4.20　フレッチング疲労中の接触面圧摩耗量の解析結果
(σ_a=62 MPa、N=1.6×10^8)

半負荷サイクル（−50 MPa → +50 MPa）での摩耗量が**図 4.18** のごとく求まる。

この摩耗量を用いて接触面の形状修正を行い、図 4.6 のフローチャートに従って応力解析、変形解析を繰返す。**図 4.19** および**図 4.20** に応力振幅 62 MPa、負荷繰返し数 3.6×10^7 および 1.6×10^8 の場合の接触面圧と摩耗進行量の計算結果を示す。

(2) 破壊力学および疲労寿命解析

前述の方法で種々の負荷状態のもとでの摩耗の進行を評価し、それぞれの摩耗状態での応力解析結果に基づいた破壊力学解析を行った。**図 4.21** に最大摩耗量 0（初期状態）、5 μm および 10 μm の場合の各軸応力に対する応力拡大係数の解析結果を示す。この場合のき裂長さは 0.25 mm とし、このき裂は実験での結果[10)]等を参考に 30° 接触側に傾斜させた（図 4.17 参照）。

これらの結果より、摩耗 0 の初期状態では、軸引張応力 50 MPa の負荷下でもき裂は開口せず負の応力拡大係数となっているが、摩耗が進むにつれてき裂は開口傾向にあり進展しやすくなることが分かる。最後に各々の負荷条件でのフレッチング疲労寿命を前節で解析した摩耗を考慮した稼働負荷中の応力拡大係数範囲 ΔK と素材のき裂進展限界応力拡大係数範囲 ΔK_{th} の比較より求める。

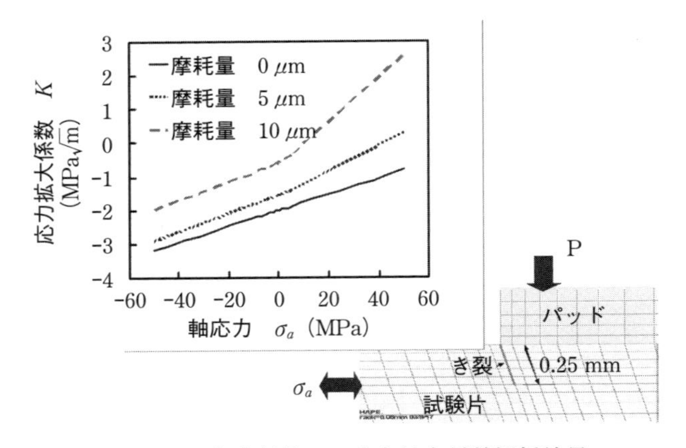

図 4.21　各摩耗量での応力拡大係数解析結果

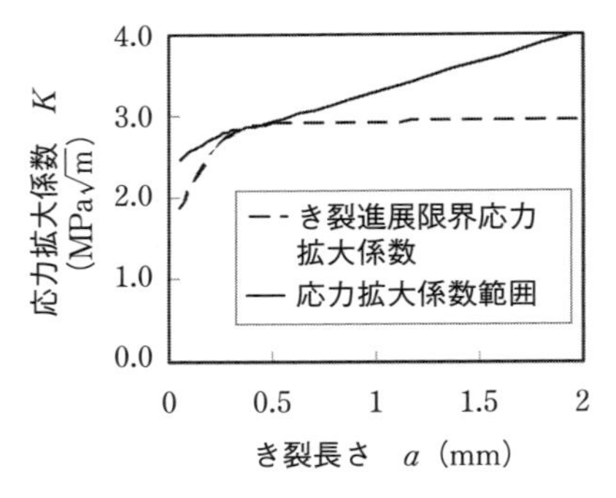

図 4.22　稼働中応力拡大係数範囲と、き裂進展限界応力拡大係数範囲との比較（σ_a＝140 MPa、摩耗なし）

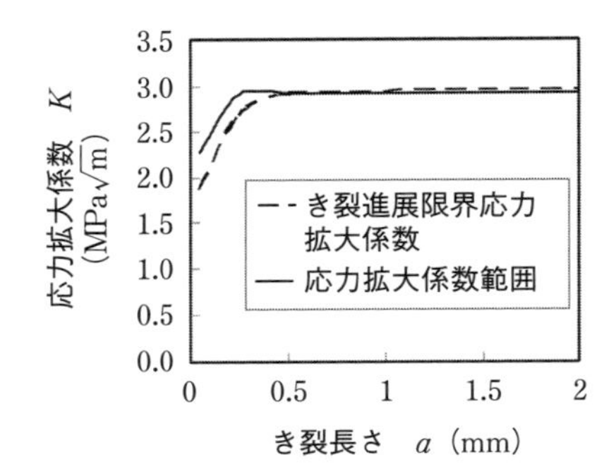

図 4.23　稼働中応力拡大係数範囲と、き裂進展限界応力拡大係数範囲との比較（σ_a＝110 MPa、N＝2×107、摩耗量 4 μm）

ここではその一例として軸応力振幅を 62 MPa、110 MPa および 140 MPa の場合の摩耗解析、破壊力学解析を行い、き裂進展限界応力拡大係数範囲 ΔK_{th} との比較から、それぞれの軸応力振幅でのフレッチング疲労寿命を予測した結果を示す。ここでき裂進展限界応力拡大係数範囲 ΔK_{th} はき裂長さ、応力比を考慮して予測している[10)～12)]。**図 4.22～図 4.24** に各々の稼動負荷条件での応力拡大係数範囲 ΔK と素材のき裂進展限界応力拡大係数範囲 ΔK_{th} の比較を示す。

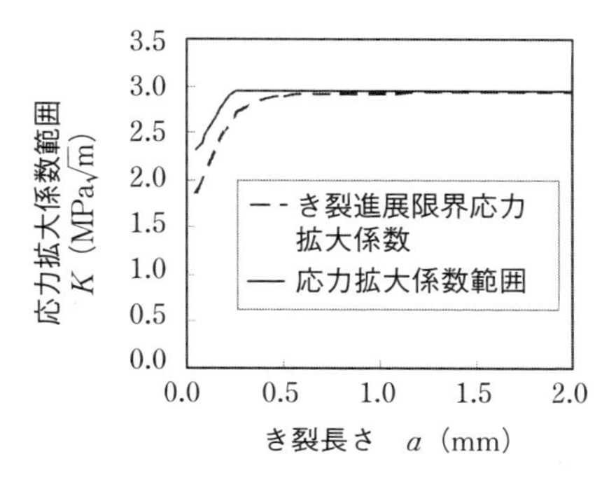

図 4.24　稼働中応力拡大係数範囲と、き裂進展限界応力拡大係数範囲との比較
(σ_a=62 MPa、N=1.6×108、摩耗量 10 μm)

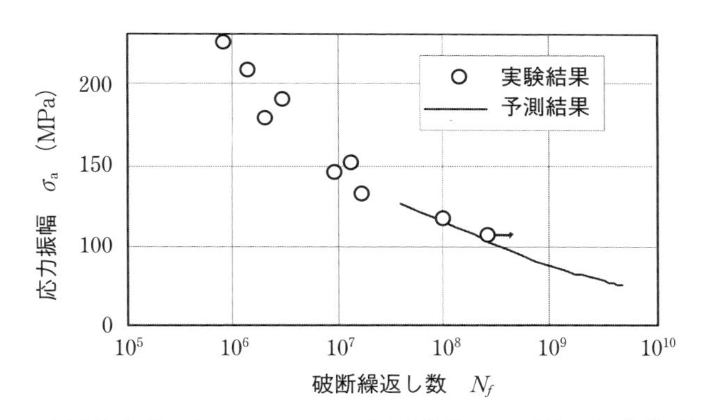

図 4.25　摩耗を考慮したフレッチング S–N 曲線の予測結果と実験結果の比較

図4.22は摩耗がないとした場合のものを参考として示したものである。この結果より摩耗がない場合のフレッチング疲労限は140 MPaとなり、当然のことながら過去の摩耗を考慮しない場合の予測結果[12)13)]と同一である。図 4.23 は軸応力振幅110 MPaの場合のものであり、この負荷条件では負荷繰返し数が2×10^7で、摩耗最大深さ 4 μm となり、この条件で接触端近傍に発生した微小き裂は進展し始めることとなる。図 4.24 は軸応力振幅 62 MPa の場合のものであり、この負荷条件では負荷繰返し数が1.6×10^8で摩耗最大深さ 10 μm となり、この条件で接触端近傍に発生した微小き裂は同様に進展し始めることとなる。

これらの結果をまとめて、フレッチング摩耗プロセスを考慮したフレッチング疲労寿命線図（き裂進展限界繰返し数に基づく）を**図 4.25** に示す。高寿命領域で疲労強度は低下し、実際にフレッチング条件下では 10^8、10^9 等、高サイクル下で破断する事例が多いことをよく説明できると考えられる。

1-6　特定位置応力を用いた疲労強度・寿命評価（低サイクル疲労）

一般にフレッチング損傷は上述の低応力下での早期き裂発生、ゆっくりしたき裂の進展、摩耗により集中面圧低下することによる超高サイクル領域での疲労限低下を特徴とする。しかし発電プラントでの回転体の強度設計においては、近年の電力需要変動への柔軟な対応から Daily Start–Stop 等の要求が高まり、例えば**図 4.26** に示すようなガスタービンの翼取付け部等では、従来考えられてきた変動流体力起因の高サイクルフレッチング疲労のみならず、起動・停止の繰返しに伴う低サイクルフレッチング疲労の評価も必要となってきた。本稿ではこの低サイクルフレッチング疲労強度・寿命を特定位置応力評価法を用いて予測し、実験結果との比較を行う。

特定位置応力強度評価法は、第 3 章 2–3 節 (2) で詳述したが、応力分布の両極端である素材の平滑材の疲労限 σ_{w0} での応力分布と、き裂材のき裂進展限界応力拡大係数範囲 ΔK_{th} での応力分布の交点である疲労限特定位置 r_P、および同

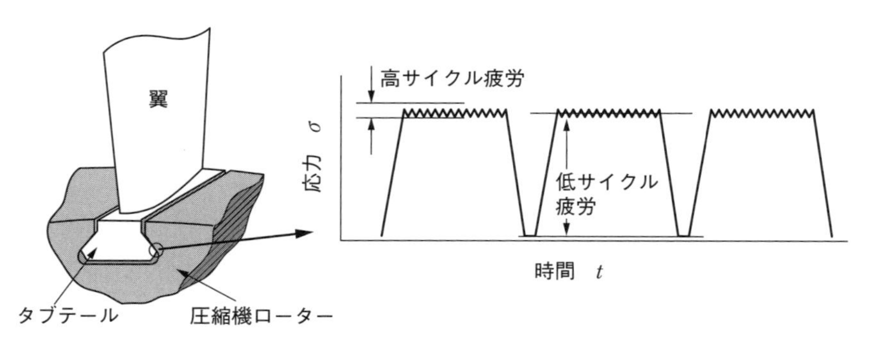

図 4.26　ガスタービンローターの動翼取付け構造と負荷サイクル

じく素材の静的破断強度σ_Bでの応力分布と、き裂材の破壊靭性値K_{IC}での応力分布の交点である静的強度特定位置r'_Pを用いて、任意形状、任意応力分布状態での対象物の疲労限、低サイクル疲労強度・寿命を予測する方法である。フレッチング疲労に対しても、図4.9に示した接触端近傍の応力分布と素材の疲労限σ_{w0}、き裂材のき裂進展限界応力拡大係数範囲ΔK_{th}、静的破断強度σ_B、破壊靭性値K_{IC}があれば予測できることになる。摩耗を考慮しないフレッチング疲労限（フレッチング疲労き裂発生限）に関しては、上述の1–4節での応力特異場パラメータを用いた方法（図4.11）と結果的には同じとなるため、ここでは、低サイクル疲労に対する適用例を示す。

低サイクルフレッチング疲労評価では摩耗を考慮する必要がなく、従って初期接触条件の応力解析結果から前章の方法で疲労強度・寿命が評価できる。このようにして求めたプロセスを**図4.27**に、また求めた低サイクルフレッチン

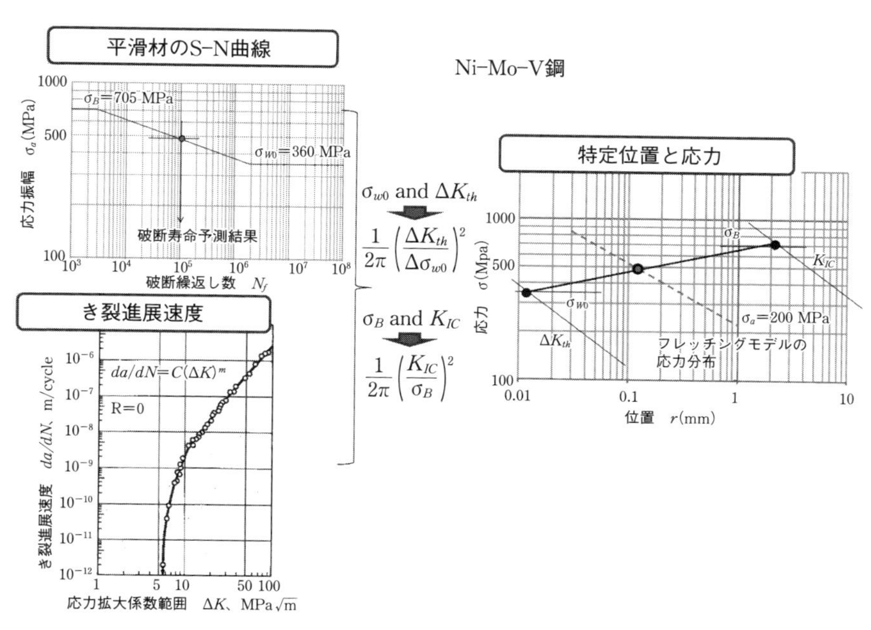

図4.27 低サイクル領域での特定位置の導出と、低サイクルフレッチング疲労強度・寿命の予測

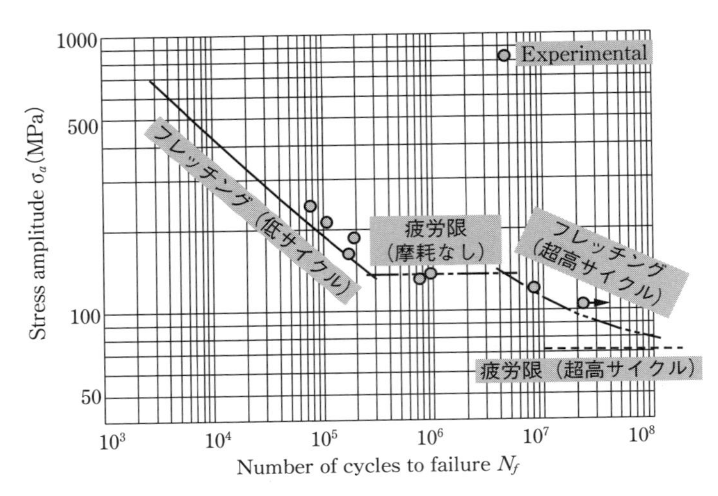

図 4.28　フレッチング疲労強度・寿命の予測結果と実験結果との比較

グ疲労強度を**図 4.28** に実線に示す。同じく疲労限の特定位置 r_P より先に求めたフレッチング疲労き裂発生限を破線で示す。さらに先述の摩耗を考慮しない疲労限を一点鎖線で、摩耗を考慮した超高サイクル領域の疲労寿命予測結果を二点鎖線で示したが、すべて実験結果とよく合っていることが分かる。これらより、複雑なメカニズムのフレッチング疲労の全寿命領域の疲労強度・寿命が予測できるようになったと考えている。

1-7　まとめ−力学的視点からの耐フレッチング設計法[16)]

かつてのフレッチング疲労現象の認識は、例えば**図 4.29** に示すごとく、「平滑材に他の部材が面圧を介して接触しており、平滑材への繰返し負荷が加えられた場合、接触端部でミクロすべりが繰返し起こり、赤茶けた酸化物の摩耗粉の排出とともに疲労強度が低下する」として恐れられてきた。しかし一般に車軸の焼きばめ等では、平均面圧でも 200 MPa 以上の高面圧の場合が多く、このような場合には、平滑材に接触部材が接触していると捉えるのではなく、両者が一体となった構造の疲労現象と考えたほうが近い。そう考えれば接触端部の

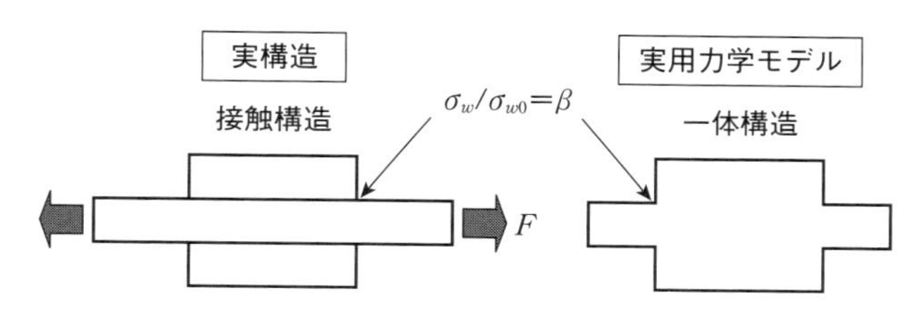

出典　事例でわかる 製品開発のための材料力学と強度設計入門
（日刊工業新聞社、2009）84頁　図4.10

図 4.29　フレッチング疲労強度想定一体構造モデル

切欠き係数が 3～4 になることは容易に類推できる。この一体構造的視点を出発点として、種々の設計条件の影響、強度向上対策法について考える。

(1) 面圧の影響

平均面圧が 200 MPa 以上の高面圧条件でのフレッチング疲労強度予測では、上記一体構造モデルを考えるが妥当であるが、それよりも低い面圧で接触端部でのかなりのすべりが許されるようになると、接触端での応力集中も緩和し、疲労強度も向上することになる。**図 4.30** は Ck35V 鋼の各面圧下の引圧負荷下のフレッチング疲労強度を示すが、平均面圧 10 MPa 程度では、平滑材から見かけ上の切欠き係数（疲労強度低下率）は 2.0 程度であるが、平均面圧 100 MPa 程度になると、切欠き係数は 4.0 程度になることが分かる。

いずれにしても、焼きばめによるトルク伝達能力等設計事項として必要な面圧が明確になっていれば、それ以上むやみに面圧を上げないことは継手構造の耐フレッチング強度設計にとって重要なこととなる。

(2) 接触端形状の影響

上記一体構造モデルを考えた場合、接触端形状の良否がよく見えてくる。**表 4.1** に、実構造とそれに対応した一体構造モデルの接触端部の形状を示す。まずは一体構造モデルのみを比較すれば、単純な直角接触端を標準とした場合、右側にいけば応力集中が緩和して良好な形状になり、左側にいけば応力集中が

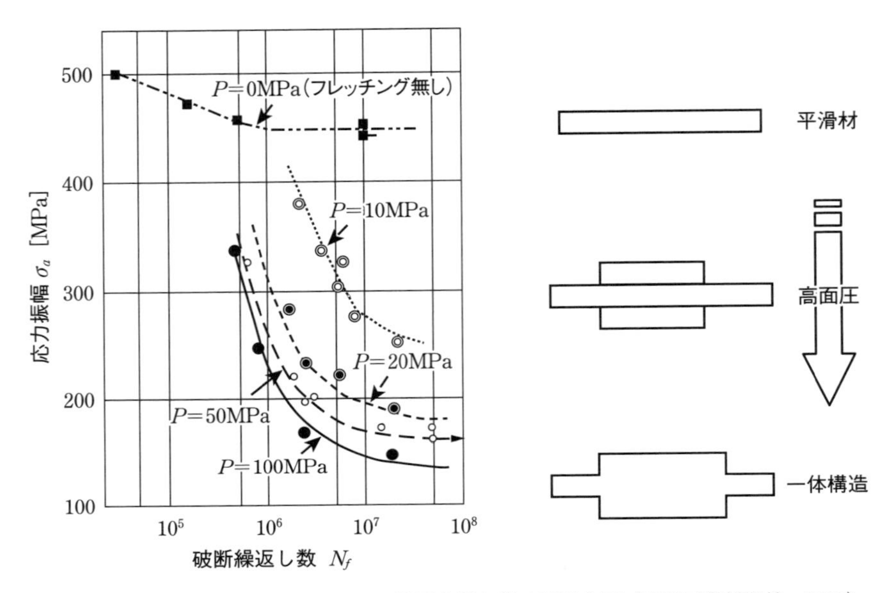

出典　事例でわかる 製品開発のための材料力学と強度設計入門（日刊工業新聞社、2009）85頁　図4.11

図 4.30　フレッチング疲労強度の面圧の影響（Ck35V 鋼）と一体構造モデル

表 4.1　一体構造モデルに基づく実接触構造体の良否

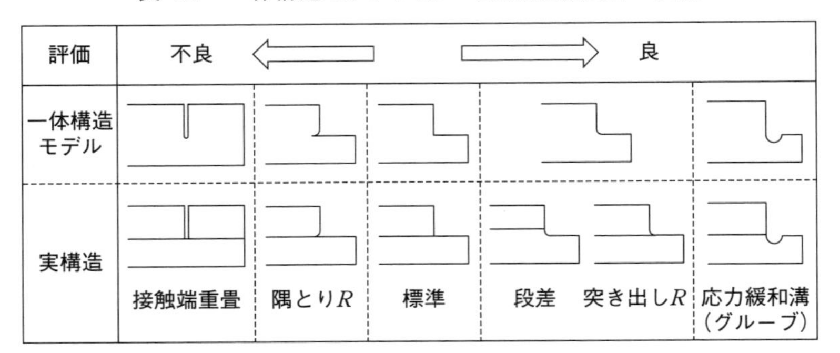

出典　事例でわかる 製品開発のための材料力学と強度設計入門（日刊工業新聞社、2009）85頁　図4.12

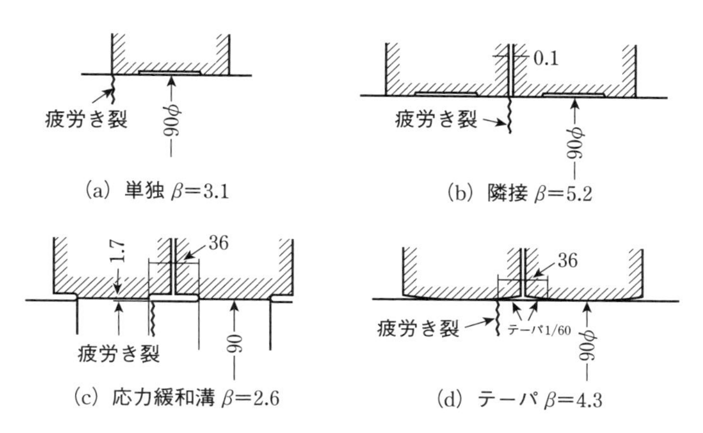

出典　事例でわかる 製品開発のための材料力学と強度設計入門（日刊工業新聞社、2009）86頁　図4.13

図 4.31　各種接触端形状の切欠き係数比較（車軸）

上昇して不良な形状になることは容易に理解できる。この一体構造モデルを素直に実際の接触構造に移し替えれば、接触端重畳は非常にまずい構造であること、従来より耐フレッチング構造として良かれと考えて行ってきた隅とり R の構造が実はあまり良くないことが分かってくる。

対策としては、今までも結構使われてきた段差構造、突き出し R 接触端、応力緩和溝構造が優れていることが確認されると思う。これらの考察は、**図 4.31** に示す現在鉄道車軸の設計で見積もられている各種焼きばめ構造の切欠き係数の実験結果ともよく合っており、表 4.1 が定量的に裏づけられた結果として実際の設計に活用できる。

(3) 接触端と応力集中部位の重畳

通常締結部の設計においては、構造上の制約から接触端を段差等の応力集中部位に近づけざるを得ない場合が多々ある。この場合には、フレッチング疲労と応力集中部位からの通常疲労が重畳するが、これについてもかなり予測できるようになったと考えている。**図 4.32** に軸段差部と接触端が重畳する S–N 曲線[19]を示すが、段差部と接触端でそれぞれ別々の S–N 曲線を有しており、段差

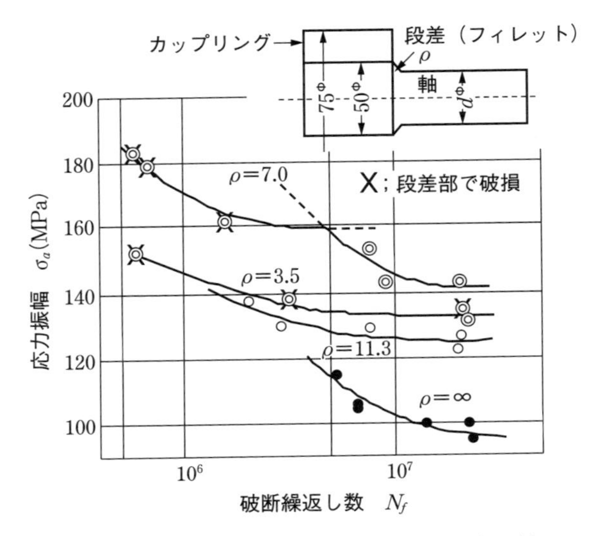

図 4.32　接触端と段差部の重畳した焼嵌め軸

部曲率半径 ρ が小さくなるに従ってこの部位の疲労強度は低下し、接触端部での面圧集中、接線力集中は減少してフレッチング疲労強度が上昇するという先述モデルからの予測結果とよく一致する。また、フレッチング疲労強度の S–N 曲線は長寿命側にあることも、これが摩耗支配であることを裏づけている。しかし、この 2 段 S–N 曲線の現象は、これら機械締結部の設計、品質保証の技術者にうっかりミスを誘発することにもなるので注意を要する。例えば近年輸送機器の車軸ハブの破損事故が相次いでいるが、この場合も**図 4.33** に示すごとく段差部での疲労と接触端でのフレッチング疲労が重畳することになる。フレッチング疲労による破断は超長寿命領域で出現することになり、一般の工場内での 10^7 回を基準とした疲労限確認評価試験で品質保証を済ませていると、顧客が何年もかけてフィールドでフレッチング疲労領域の試験をしているという皮肉な結果になるという危険があることを認識願いたい。

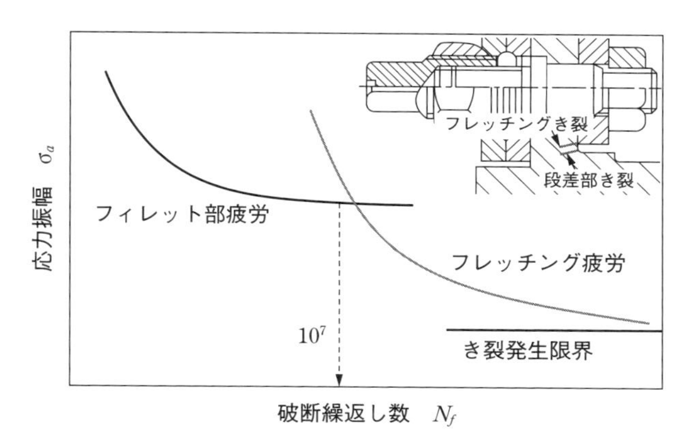

図 4.33　締結部での接触端部と段差部の重畳事例

2. ねじ締結のゆるみ・疲労強度評価

ねじ締結は、分解・再組立が可能なこと、小さな力で大きな締結力が得られること等、多くの利点を有し、機械要素としては最も古い歴史を有している。しかしあまりにも身近なゆえに軽んじられている風潮もある。ねじ締結の上述の利点は、一歩間違えると「緩み」「破壊」というトラブルに直結することになるだけに、ねじ軽視は命取りになるとまずは認識願いたい。

多くのねじ締結体には、**図 4.34** に示すごとく、軸方向と軸直角方向の 2 種類の負荷を受ける。もちろん強度的には、ねじ締結体は負荷方向にボルト軸を配置するほうが有効であるが、継手工作・作業のしやすさとか、特に最近の電子・電気機器の締結ではプラスチック材等と金属基材等との異材間締結が多く、熱膨張差の吸収という要求もあり、これらの場合には軸直角方向負荷モードのゆるみ評価が重要となる。

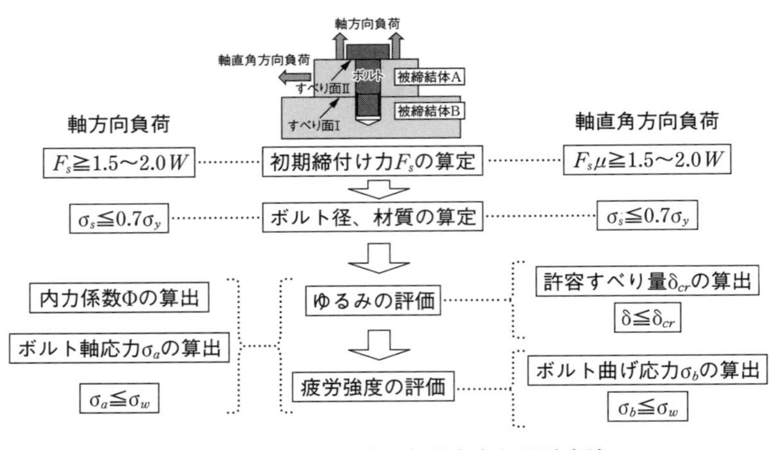

図 4.34　ねじ締結体の負荷方向と設計方法

2–1　初期締付け

(1) トルクレンチ[18)]

ねじ締結隊の設計の最初は、初期締付け力 F_S の算定であるが、図 4.34 に示すように、軸方向負荷の場合には負荷 W に対して、

$$F_S \geq 1.5\sim2.0W \tag{6}$$

軸直角方向不可に対しては、

$$F_S\mu \geq 1.5\sim2.0W \tag{7}$$

で仮設定し、この初期締付け力下でボルトの谷径応力が、素材の降伏応力の0.7 倍程度になるよう素材およびボルト径の設定を行い、最終的には強度解析、緩み解析で確認、修正、詳細設計を行う。

この初期締付け力の付与は、多くの場合トルクレンチが使われるが、注意すべきことは、ここで管理しているトルクは真の管理したい締付け力ではないということである。

つまり、**図 4.35** に示すように、トルクレンチで計測しているトルク値 T_f は、ねじ部で費やされるトルク T_s と、座面で費やされるトルク T_w の合わさったも

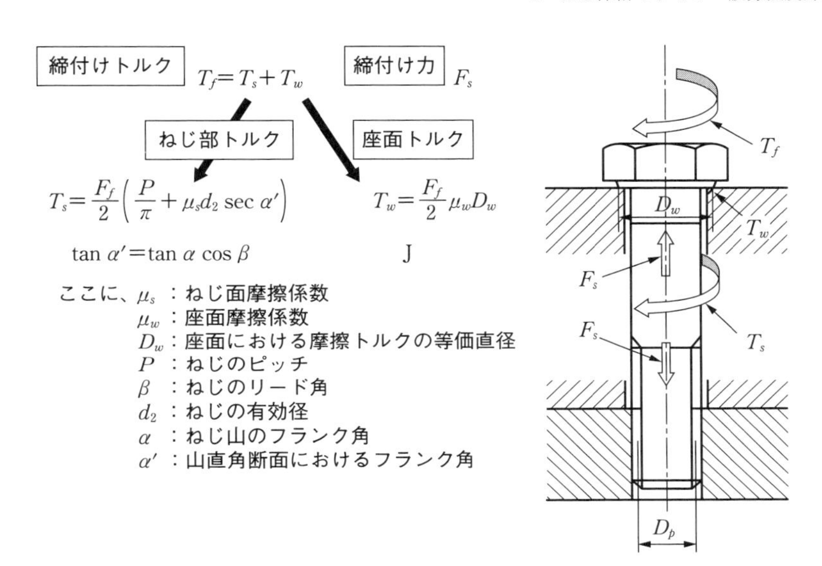

図 4.35　締付けトルクと締付け力

のであり、それぞれ次式で示され、

$$T_f = T_s + T_w \tag{8}$$

$$T_s = \frac{F_f}{2}\left(\frac{P}{\pi} + \mu_s d_2 \sec\alpha'\right) \tag{9}$$

$$T_w = \frac{F_f}{2}\mu_w D_w \tag{10}$$

ねじ面摩擦係数 μ_s、座面摩擦係数 μ_w という誤差の多い成分が含まれているということである。

ここで、(9)式、(10)式のねじのピッチ P、ねじの有効径 d_2、座面の等価直径 D_w は、JIS 規格等に準じたものでは、呼び径 d とほぼ比例関係にあるため、これで無次元化したトルク係数 K を用いて、(8)式は以下のごとく示される。

$$T_f = KF_f d \tag{11}$$

$$K = \frac{1}{2d}\left(\frac{\mathrm{P}}{\pi} + \mu_s d_2 \sec\alpha + \mu_w D_w\right) \tag{12}$$

表 4.2　ねじ面および座面摩擦係数とトルク係数の関係

(a)　並目ねじ、六角ボルト・ナットの場合

μ_S \ μ_w	0.08	0.10	0.12	0.15	0.20	0.25	0.30	0.35	0.40	0.45
0.06	0.117	0.130	0.143	0.163	0.195	0.228	0.261	0.294	0.325	0.359
0.10	0.127	0.140	0.153	0.173	0.205	0.239	0.271	0.304	0.337	0.369
0.12	0.138	0.151	0.164	0.184	0.215	0.249	0.282	0.314	0.347	0.380
0.15	0.154	0.167	0.180	0.199	0.232	0.253	0.297	0.330	0.353	0.396
0.20	0.180	0.193	0.206	0.226	0.258	0.291	0.324	0.356	0.389	0.422
0.25	0.206	0.219	0.232	0.252	0.284	0.317	0.350	0.383	0.415	0.448
0.30	0.232	0.245	0.258	0.278	0.311	0.343	0.376	0.409	0.442	0.474
0.35	0.258	0.271	0.284	0.304	0.337	0.370	0.402	0.435	0.455	0.500
0.40	0.285	0.298	0.311	0.330	0.363	0.396	0.428	0.451	0.494	0.527
0.45	0.311	0.324	0.337	0.357	0.389	0.422	0.433	0.487	0.520	0.553

$T_f = KF_f d$

$K = \frac{1}{2d}\left(-\frac{P}{\pi} + \mu_s d_2 \sec\alpha + \mu_w D_w\right)$

(b)　細目ねじ、小形六角ボルト・ナットの場合

μ_S \ μ_w	0.08	0.10	0.12	0.15	0.20	0.25	0.30	0.35	0.40	0.45
0.06	0.106	0.118	0.130	0.148	0.177	0.207	0.237	0.267	0.296	0.326
0.10	0.117	0.129	0.141	0.158	0.118	0.218	0.248	0.278	0.307	0.337
0.12	0.128	0.140	0.151	0.169	0.199	0.229	0.259	0.288	0.318	0.348
0.15	0.144	0.156	0.168	0.186	0.215	0.245	0.275	0.305	0.334	0.364
0.20	0.171	0.183	0.195	0.213	0.242	0.272	0.302	0.332	0.361	0.391
0.25	0.198	0.210	0.222	0.240	0.270	0.299	0.329	0.359	0.389	0.418
0.30	0.225	0.237	0.249	0.267	0.297	0.326	0.356	0.386	0.416	0.445
0.35	0.252	0.264	0.276	0.294	0.324	0.353	0.383	0.413	0.443	0.472
0.40	0.279	0.291	0.303	0.321	0.351	0.381	0.410	0.440	0.470	0.500
0.45	0.306	0.318	0.330	0.348	0.378	0.408	0.437	0.467	0.497	0.527

備考　これらの表は、(7)式に各摩擦係数を入れて計算したもの

このトルク係数と、ねじ面および座面の摩擦係数の関係は、**表 4.2** のごとく示される。また、ゆるめる時の戻しトルクは、

$$T_l = \frac{F_f}{2}\left(-\frac{P}{\pi} + \mu_s d_2 \sec\alpha + \mu_w D_w\right) \tag{13}$$

となり、$\mu_s = \mu_w = 0.15$ とすると、$T_l / T_l \fallingdotseq 0.74$ となる。

(2) 回転角法およびトルク勾配法[19)]

上記トルクレンチによる初期締付けは、摩擦係数のばらつきにより、同一トルクの締付けでも締付け力は±30％のばらつきが生じる。これがゆえに、初期締付け力の目標を素材の降伏応力いっぱいに設定すると、ねじ切ってしまうケースが生じることとなり、やむを得ず図4.34に示すように目標締付け応力を降伏応力の70％とせざるを得なくなる。この欠点を解消するために、最近は回転角法あるいはトルク勾配法等、新しい締付け法が採用されるようになった。これは後述の塑性締めの普及、トルク／回転角の自動計測機器の出現とあいまって自動車業界等で広く採用されるようになっている。

回転角法とは、締付け力とボルトの伸び、被締結体の縮み変形、ピッチの関係から、**図4.36**に示すように求める締付け回転角との関係に基づいて締付ける方法である。この場合、摩擦係数のばらつきは無視でき、特に図4.36に示すように変形の大きい塑性締めには有効である。しかしこの方法では、ボルトのサイズ（径、首下長さ、ピッチ）ごとに回転角を計算しなくてはならないという不便さがある。その不便さを解消する方法がトルク勾配法であり、**図4.37**に

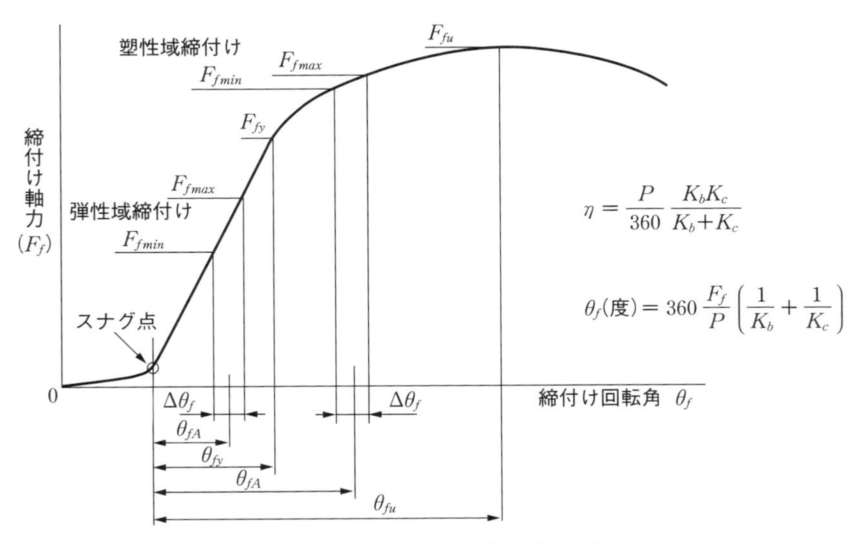

図4.36　締付け回転角と締付け力の関係（回転角法）

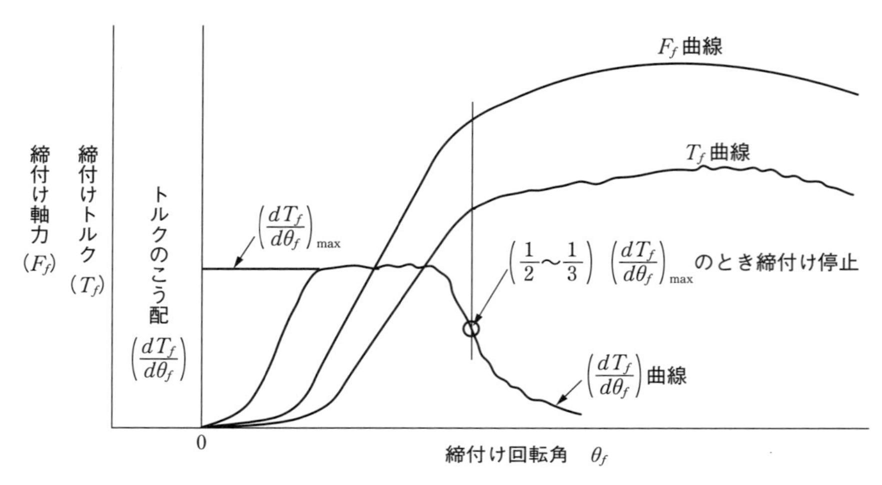

図 4.37　締付け回転角に対する締付けトルク、締付け力の関係（トルク勾配法）

示すように、回転角 θ_f と同時にトルク T_f も自動計測し、この両者の微分値（トルク勾配）$dT_f/d\theta_f$ が弾性域では一定値となり、塑性域に入ると低下することに着目し、塑性域へのわずかな侵入時点（トルク勾配が1/2程度に下がった点）で締付けようとする方法である。この方法ではボルトサイズ等による設定の変更事項はなく便利な方法である。

2-2　軸方向負荷下の強度設計

（1）内力係数

ねじ締結体に軸方向負荷が働く場合、負荷全体がボルトに加わるわけではなく、被締結体でも負荷を負担するため、一般にボルトには負荷全体の 1/5〜1/3 程度しか加わらない。これはねじ締結体が疲労に対して非常に有利で今まで長きにわたって主要継ぎ手として使われてきたゆえんである。従って軸方向負荷を受けるねじ締結体の強度設計は、負荷全体 W に対するボルトの負担分 F_b の割合（内力係数 $\Phi = F_b/W$）を算出することに帰着する。

この内力係数 Φ は、**図 4.38** に示す締付線図（締付け三角形）より、ボルト

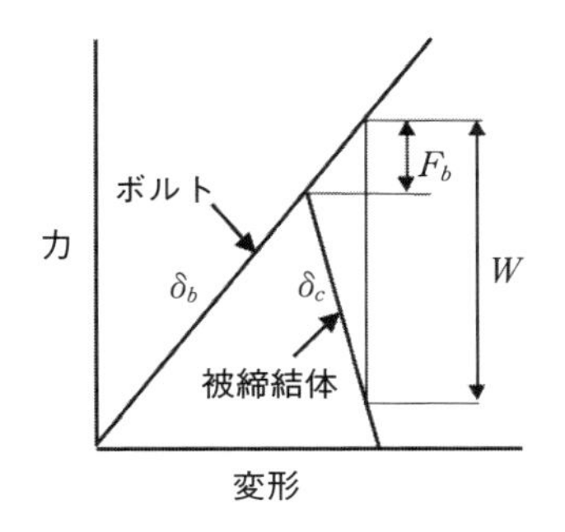

図 4.38　ボルトおよび被締結体のコンプライアンス
(剛性の逆数) とボルト負担荷重

の軸方向コンプライアンス（剛性の逆数）δ_b と、被締結体のコンプライアンス δ_c を用いて次式に示すごとく求められる。

$$\Phi = \frac{\delta_c}{\delta_c + \delta_b} \tag{14}$$

1）ボルトの軸方向コンプライアンス δ_b

VDI2230[20)～22)]では、ボルトの軸方向コンプライアンス δ_b は次式で示している。

$$\delta_b = \frac{0.5d}{E_b \dfrac{\pi}{4} d^2} + \frac{l_g}{E_b \dfrac{\pi}{4} d_g^2} + \frac{l_s}{E_b \dfrac{\pi}{4} d_3^2} + \frac{0.5d}{E_b \dfrac{\pi}{4} d_3^2} + \frac{0.4d}{E_b \dfrac{\pi}{4} d^2} \tag{15}$$

ここで各パラメータは**図 4.39** に示すが、d はボルトの呼び径、d_s はボルト円筒部の径、d_3 はボルトの谷径、E_b はボルトのヤング率、l_g は被締結体円筒部の長さ、l_s は締付け範囲のねじ長さを表す。右辺の第一項はボルト頭のコンプライアンス、第二項は円筒部のコンプライアンス、第三項はねじ部のコンプライアンス、第四項はボルトとナットのはめ合い部のコンプライアンス、第五項はナットのコンプライアンスを表している。第一項および第四項、第五項は実験的に求められている。

2）被締結体のコンプライアンス δ_c

被締結体のコンプライアンス δ_c は、図 4.39 に示す圧縮応力を受ける範囲を

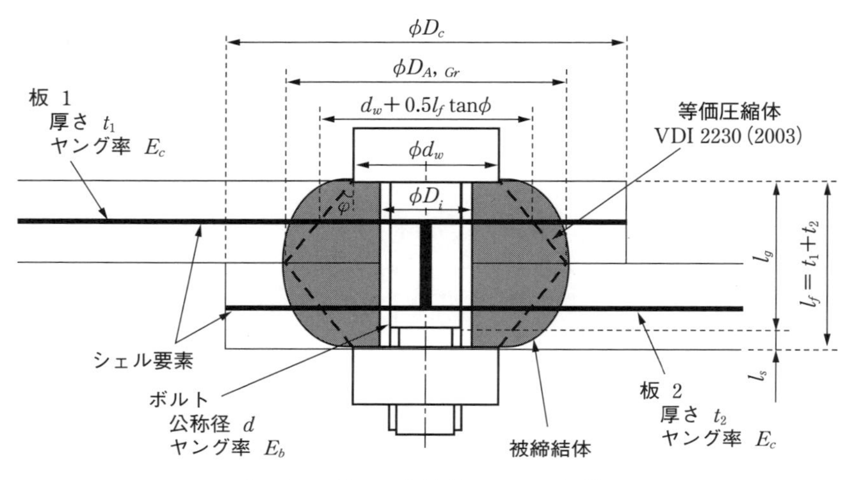

図 4.39　ボルト締結部のモデルと諸元

等価な円すい体モデルに置き換えて計算する。VDI2230[20)～22)]では、図 4.39 の円すい体の頂角 ϕ を用いて次式で定めている。

$$\delta_c = \frac{2\ln\left[\frac{(d_w + D_i)(d_w + wl_f \tan\varphi - D_i)}{(d_w - D_i)(d_w + wl_f \tan\varphi + D_i)}\right]}{wE_c \pi D_i \tan\varphi} \tag{16}$$

VDI2230[20)～22)]では頂角 ϕ を次式で示している。

$$\tan\varphi = 0.362 + 0.032\ \ln\left(\frac{l_f}{2d_w}\right) + 0.153\left(\frac{D_c}{d_w}\right) \tag{17}$$

しかし成瀬[23)～27)]は、(17) 式は基本的に被締結体である 2 枚の板厚が等しい場合には合うが、2 枚の板厚が異なる場合にもよく合う次式に改良提案している。

$$\tan\varphi = 0.323 + 0.032\ \ln\left(\frac{l_f}{2d_w}\right) + 0.153\left(\frac{D_c}{d_w}\right) + 0.0717\ \ln\left(\frac{t_1}{t_2}\right) \tag{18}$$

(2) ボルトの疲労強度設計

このようにして内力係数 Φ が求まると、ボルトの応力振幅 σ_a は、ボルトの

表 4.3 各種ボルトの疲労限 σ_{wk}

ピッチ系列	ねじの呼び	σ_{wk} （A_S）				
		強度区分				
		4.8	6.8	8.8	10.9	12.9
メートル並目ねじ	M6	81	56	64	78	81
	M8	61	49	59	72	76
	M10	52	45	55	69	72
	M12	48	43	53	67	71
	M16	42	39	49	62	66
	M20	39	37	46	61	65
	M24	37	36	45	59	63
	M30	34	34	43	57	61
メートル細目ねじ	M8×1	74	51	59	71	74
	M10×1.25	57	46	54	67	71
	M12×1.25	54	44	52	64	68
	M16×1.5	45	39	48	60	63
	M20×1.5	42	37	44	56	59
	M24×2	37	35	42	55	5

谷底断面積 A_3 を用いて、

$$\sigma_a = \frac{F_b}{2A_3} = \frac{\Phi W}{2A_3} \tag{19}$$

と算出され、このボルトに働く応力振幅が、**表 4.3** に示す各種ボルトの疲労限 σ_{wk} と、安全率 S_f より求まる許容応力振幅より低くして疲労強度設計することになる。

$$\sigma_a \leq \frac{\sigma_{wk}}{S_f} \tag{20}$$

このねじ締結体の設計で特に注意して欲しいことは、近年軽量化の目的で被締結体にアルミがよく使われているが、この場合被締結体が鋼の場合と比べてボルトの負担負荷が増大することである。このメカニズムは、この内力係数の

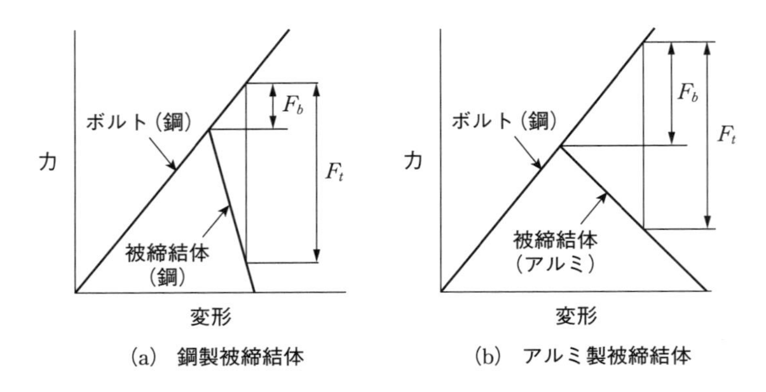

出典　事例でわかる 製品開発のための材料力学と強度設計入門（日刊工業新聞社、2009）94頁　図4.29

図 4.40　被締結体のアルミ化による、ボルト負担荷重の増大

概念が身についていれば**図 4.40** に示すごとく容易に予測できる。身近にアルミ等を用いて軽量化を行った例がある場合には、是非そのねじ締結部の内力係数の算出、疲労強度評価、ボルトサイズの見直しをしていただきたい（第2章2–6 節参照）。

1992 年 5 月、新幹線のぞみ号がアルミ軽量化して 270 km/h を達成した際、モータ取付けボルトの脱落事故を起こしたが、このような反省点もあると思われる（**図 4.42** 参照）。

〔参考計算例〕

M16、l_f=40 mm のねじ締結体において、鋼製被締結体とアルミ製被締結体と比較した場合、鋼製ボルトの負担負荷はいかに違うか。

ボルトのコンプライアンス

$$\delta_b = \frac{l_f}{E_b A_b} = \frac{40\ \mathrm{mm}}{210\ \mathrm{GPa} \times 201\ \mathrm{mm}^2} = 0.000948\ (\mathrm{MPa\ mm})^{-1}$$

被締結体の等価断面積

$$A_{eq} = \frac{\pi}{4}\left[\left(22.5\ \mathrm{mm} + \frac{40\ \mathrm{mm}}{10}\right)^2 - 17.5\ \mathrm{mm}^2\right] = 538\ \mathrm{mm}^2$$

E_c（鋼）＝210 GPa、E_c（アルミ）＝70 GPa とすると、鋼製被締結体のコンプライアンス $\delta_c = \dfrac{40\ \mathrm{mm}}{210\ \mathrm{GPa} \times 538\ \mathrm{mm}^2} = 0.000354\ (\mathrm{MPa\ mm})^{-1}$ とアルミ製被締結体のコンプライアンス $\delta_c = \dfrac{40\ \mathrm{mm}}{70\ \mathrm{GPa} \times 538\ \mathrm{mm}^2} = 0.00106\ (\mathrm{MPa\ mm})^{-1}$

$$\text{内力係数}\ \Phi\ (\text{鋼}) = \frac{0.000354}{0.000354 + 0.000948} = 0.272$$

$$\text{内力係数}\ \Phi\ (\text{アルミ}) = \frac{0.00106}{0.000354 + 0.00106} = 0.750$$

となり、被締結体がアルミの場合、被締結体が鋼の場合に比べて 2.8 倍もボルトの負担負荷が大きくなることが分かる。

(3) 疲労強度向上法

ねじ締結体の疲労強度を向上するためには、基本的には前項で示した内力係数 Φ を小さくすることである。具体的には**図 4.41** に示す以下の方法がとられる。

①スペーサを挿入して l_f を大きくする。

②ボルト軸を細く（A_b を小さく）した伸びボルトとする。

③埋込みボルトの場合、雌ねじを切欠いて l_f を大きくする。

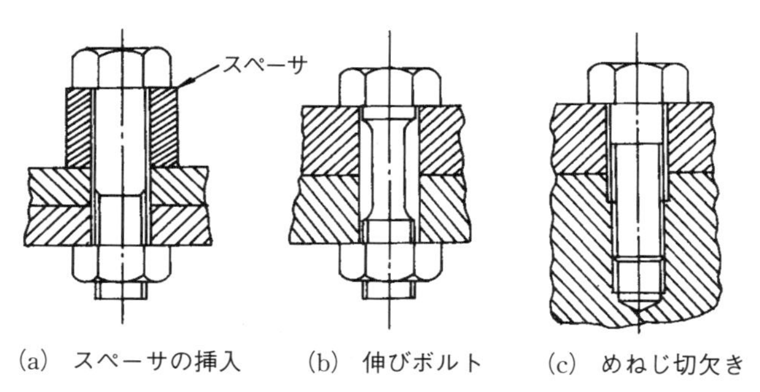

図 4.41 内力係数を小さくして疲労強度を向上する方法

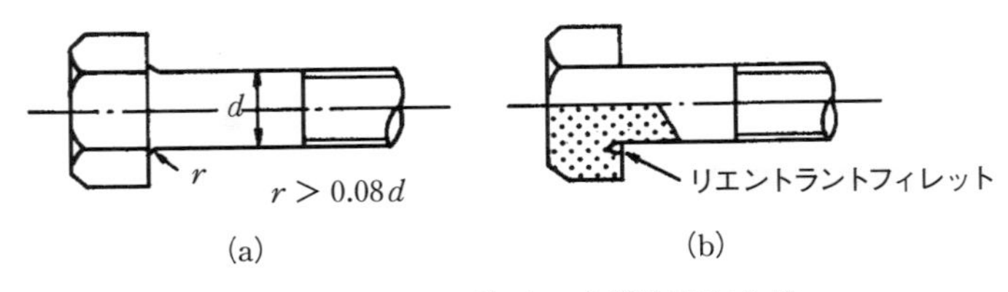

図 4.42　ボルト首下の疲労強度向上法

その他、ボルトそのものの疲労強度を向上する方法として、以下の方策が採用されている。

④ボルト頭首下の丸みの半径 r を大きくする（**図 4.42(a)** 参照）。

これは切欠き効果を軽減するためで、$r>0.08d$ にするのが望ましい。しかし、この丸みを増すことは、ボルト取付孔にこの丸み部が乗りあがる問題が生じることがあるので、このような場合には図 4.42(b)のような“リエントラントフィレット”を設けるのがよい。

⑤不完全ねじ部の谷底の角を丸めるか、または完全に取り去る（**図 4.43** 参照）

不完全ねじ部のねじ切り上がり角を図 4.43(a)に示すごとく 15° 程度と低くする。また、不完全ねじ部を溝で切り取ってしまう場合には、図 4.43(b)に示すごとく溝の長さを $0.5d$、丸み半径 R を $0.02d$ 程度にするのが望ましい。さらに構造精度上の問題でボルトに曲げが加わる場合には、図 4.43(c)に示すごとく円弧状の溝を設けることによって、直角度に対する敏感性をゆるめる対応ができる。

⑥ねじ山にかかる荷重を均等にする

無応力の時、ナットとボルトのねじ部は均等にかみ合ってるとしても応力がかかるとナットの剛性、ボルトの剛性の関係から各ねじ山に荷重が均等にかゝらず、かみ合い1山目側に大きい力がかかる。これはボルトの疲労強度を低下させる要因となるので、これを減らすために**図 4.44** に示される特殊ナットが使われている。

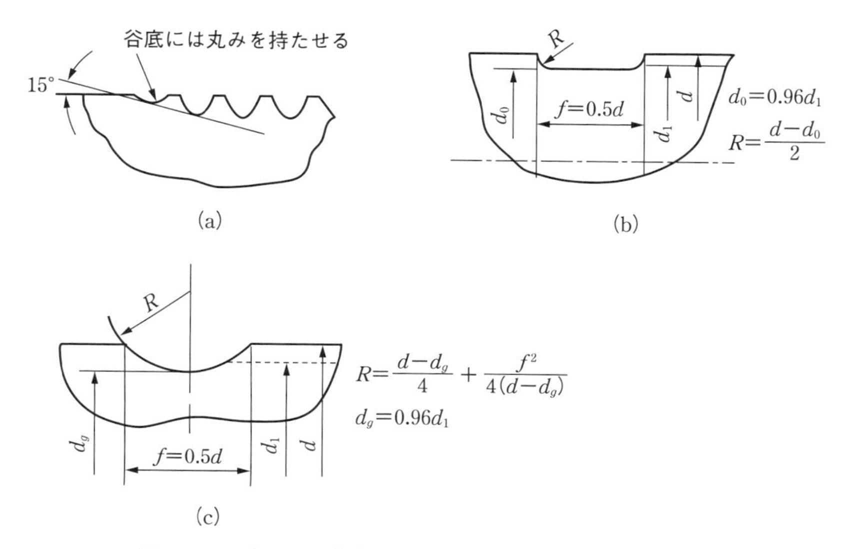

図 4.43　ボルト不完全ねじ部除去による疲労強度向上法

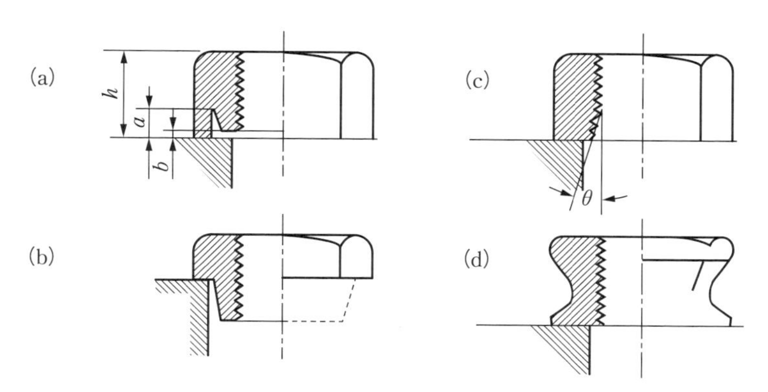

図 4.44　ねじ山荷重分担均一ナットによる疲労強度向上法

(4) 塑性域締付け法[28)]

1) 塑性域締付け法の原理

ボルトの初期締付け力を、ボルト材の降伏点以上にまで与えた締結体に引張り負荷が加わる場合、負荷が働くごとにボルトが伸び続けると勘違いされがち

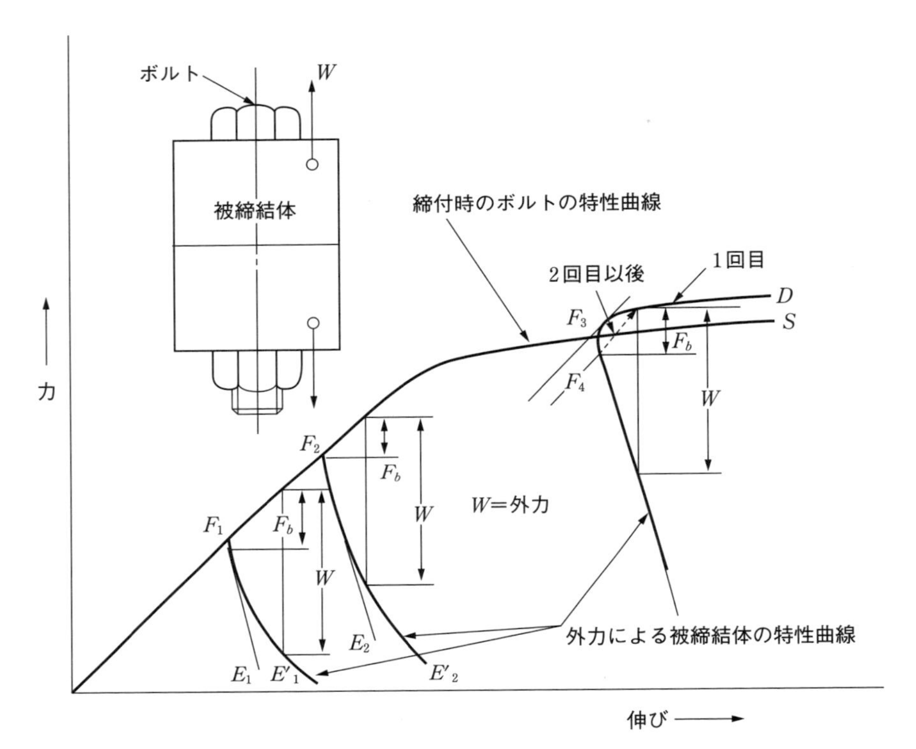

図 4.45　初期締付力と締付け線図

であるが、(1) 内力係数で述べたごとく、ねじ締結体に働く負荷は、ボルトのみでなく被締結体の圧縮力低減によっても分担されることが理解していればボルトが伸び続ける心配はないことが分かる。この説明を**図 4.45** を用いて行う。

この図は、初期締付け力が弾性域および塑性域にあるねじ締結体に偏心外力が作用した時の様子を示したもので、一般に被締結体の偏心外力に対する特性曲線は、口開きの影響で $F_1E_1{}'$、$F_1E_1{}'$ のように非線形になり、初期締付け力が高いほど同一外力に対するボルト負担負荷 F_b は減少する。つまり、初期締付け力は高いほど疲労強度は向上することが分かる。それの究極として初期締付け力をボルト材の降伏域まで上げる方法が塑性域締付け法である。塑性域 F_3 で初期に締付けられた締結体に外力が働くと、ボルトの特性曲線は F_3D のようになる。ここで、外力が作用した時に降伏点が上昇しているのは、ボルトの特性曲線 OF_3S は引張応力とねじり応力の合成応力による塑性挙動を示すが、外力に対しては引張応力のみが加わり、ねじり応力が加わらないためである。外力が除荷される場合のボルトの特性曲線は図の破線のように直線となり、完全除荷時には締付け力は F_4 にまで下がる。初回負荷によりこのようにわずかにボルトの塑性ひずみは増大し、締付け力も低下するが、2 回目以降の外力に対してはまったく弾性的な挙動を示し、ボルトは決して伸び続ける心配がないことが分かる。この塑性域ねじ締結体の分解、再締付けは、繰返せばもちろんボルトの塑性ひずみは徐々に増大するが、ボルトの破断伸び量から見れば十分余裕があり、再使用性について問題になることはまずない。

疲労強度上これだけの利点がありながら産業界全体で使われるに至っていない理由は、初期締付けにトルク法が使えないことがあげられる。なぜなら塑性域突入後の締付け力の変化およびトルクの変化が少なく、ばらつきの範囲内で十分な締付け力管理ができないからである。代わりに上述 2–1 節の初期締付けで示したように、ボルトの伸び、回転角で管理すれば、ばらつきを十分包含できる初期締付け管理ができる。そこで、この塑性域締付け法には回転角法、あるいはトルク勾配法等の手法が必要となり、回転角、トルク等が同時計測できる自動生産ラインに使われているのが現状である。

2）塑性域締付け法の事例

〔初期締付け〕

図 4.46 に、適用対象とした偏心負荷ねじ締結体モデルを示す。ボルト寸法は M16×P1.5、首下長さ 90 mm、ボルト材質は SCM435 調質材（引張り強さ 1,000 MPa 以上）、初期締付け法はすべて回転角度法で行った。**図 4.47** にその初期締付け条件を示す。A は従来のトルク管理法での締付け基準に相当するもので、ボルト谷径応力が降伏応力の 60〜70 % で締付けた場合である。B は降伏直後で締付けたもので、現在の塑性域締付けに一般的に採用されている締付け基準である。C はこの初期塑性伸びの疲労強度に与える影響、許容範囲を確認するために過度に締付け回転角を増したものである。これら A、B、C の 3 種

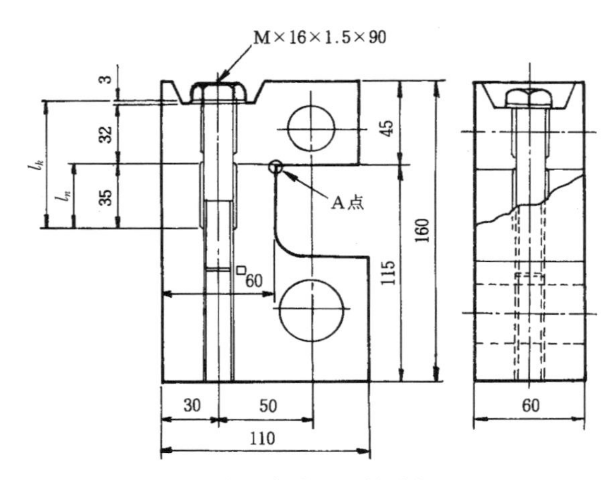

図 4.46　偏心負荷ねじ締結体モデル

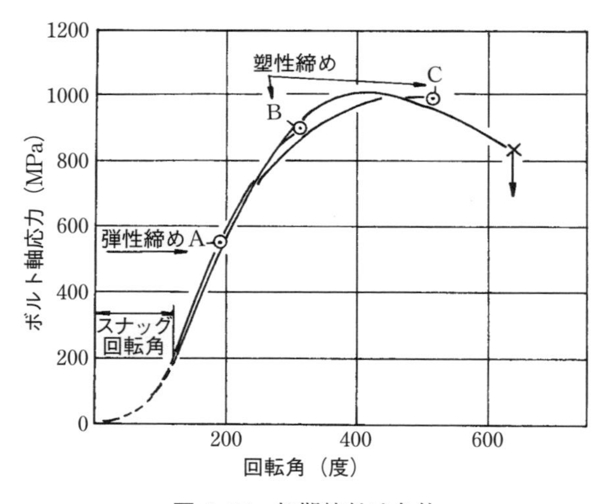

図 4.47　初期締付け条件

の締付けレベルで締付けたねじ締結体の負荷に対する変形挙動、疲労強度、ゆるみ挙動について以下に示す。

〔変形挙動の解析および実験〕

前述の条件で締付けたねじ締結体の負荷試験結果を**図 4.48** に破線で示す。いずれも負荷の小さな間は負荷とボルト軸応力は線形関係にあるが、外力が大

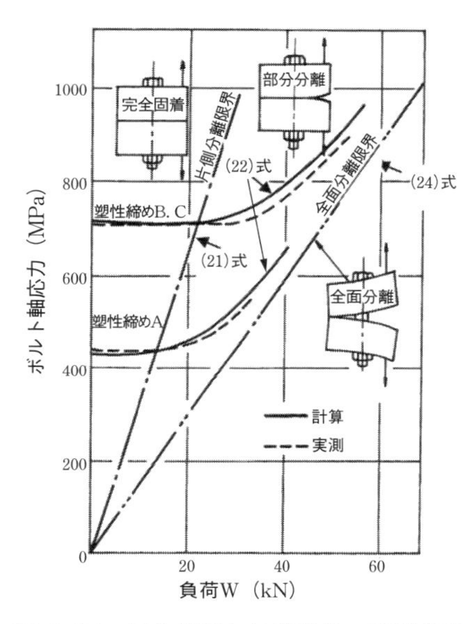

図 4.48　偏心負荷ねじ締結体の変形挙動

きくなると軸応力が非線形的に増大することが分かる。この非線形に移る点は(21)式に示す片側分離（口開き）開始点である。ここでF_Sは初期締付け力、Wは片側分離開始負荷、sは被締結体中心軸とボルト軸の距離、aは被締結体中心軸と負荷点の距離、uは被締結体中心軸と端面（口開き位置）の距離、K_cは被締結体の断面2次半径である。

$$W=\frac{F_S}{\left(1+\dfrac{a\cdot u}{K_c^{\,2}}\right)/\left(1+\dfrac{s\cdot u}{K_c^{\,2}}\right)-\Phi} \tag{21}$$

これらの挙動は、初期締付け条件BとCではほとんど等しく、また後に述べるように、疲労強度やゆるみに関しても大差なく、かなりの塑性域にまで締付けても特に問題にならないことが分かる。

この変形挙動を解析的に求めてみる。まず、片側分離限界およびそれまでの変形挙動は、上述の内力係数と同一となる。VDI22303等では、片側分離を一応偏心負荷を受けるボルト締結体の使用限界としており、その後の変形挙動に

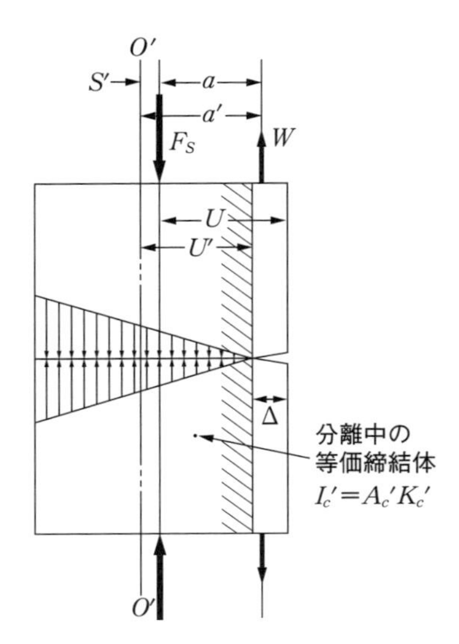

図 4.49　片側分離中の等価締結体

ついての詳細な検討はされていない。しかし、圧力容器等漏洩の危険性がある場合、摩擦力が必要とされる場合を除いて、片側分離を使用限界としたのでは厳し過ぎる場合が多々ある。そこで、この片側分離後の変形挙動についてまでも解析を拡げる。**図 4.49** に長さ Δ のみ分離した状態を示すが、この場合の被締結体のコンプライアンスをハッチング内の偏心締付け、偏心外力の等価締結体モデルのコンプライアンスで近似し、この等価モデルの片側分離条件によって分離進行中の変形挙動を追跡する。

ボルト軸力 F_b と負荷 W の関係は、偏心負荷下のこの口開き中等価締結体モデルの内力係数 Φ' を用いて次式で示される。

$$F_b=F_s+\Phi' W \tag{22}$$

ここで内力係数 Φ' は、口開き中の等価締結体の断面二次モーメント I_C' を用いて次式となる。

$$\Phi'=\frac{\delta_c\left(1+a'\cdot s'/K_c'^2\right)}{\delta_b+\delta_c\left(1+s'^2/K_c'^2\right)} \tag{23}$$

これらの関係を使って求めた片側分離中のボルト軸力と外力の関係を図 4.48

の実線（一点鎖線で示す片側分離よりも右側の領域）で示すが、破線で示す実測結果ともよく合う。片側分離後、外力の増加に伴い分離領域Δは増大し、最終的には図4.48の片側分離開始端（$x=u$）の反対端（$x=-u$）で力が伝達される。この極限の状態の力の釣合条件より、ボルト軸力 F_b と負荷 W の関係は次式で示される。

$$F_b = W(a+u)/u \qquad (24)$$

この計算結果は図4.48に二点鎖線で示すが、ボルト軸力と負荷関係の実測結果は、最終的にこの直線に漸近していることが分かる。

〔疲れ強さおよびゆるみ〕

偏心負荷を受けるボルト締結体のボルトの疲れ強さを、曲げモーメントによる追加分も考慮に入れた谷底断面の公称応力によって予測する。この最大公称応力は**図4.50**のa部に発生し、その値は次式で示される。

片側分離前　　$\sigma_{SA \cdot a} = \Phi F_b/A_b + \beta_c/\beta_b \cdot aF_b/Z_b \qquad (25)$

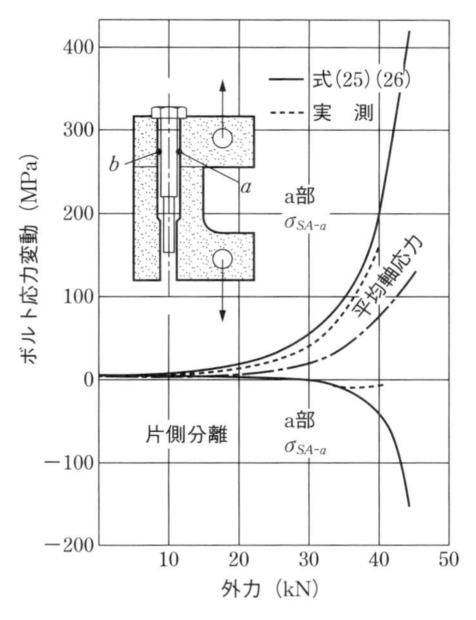

図4.50　偏心負荷を受けるねじ締結体のボルト応力変動

片側分離後　　$\sigma_{SA \cdot a} = \Phi' F_b / A_b + \beta_c / \beta_b \cdot (1 - \Phi' \cdot s' / a') a' F_b / Z_b$　(26)

ここで A_b、Z_b はそれぞれボルト谷底径の断面積および断面係数である。また、β_c、β_b はそれぞれ被締結体およびボルトの曲げコンプライアンスである。

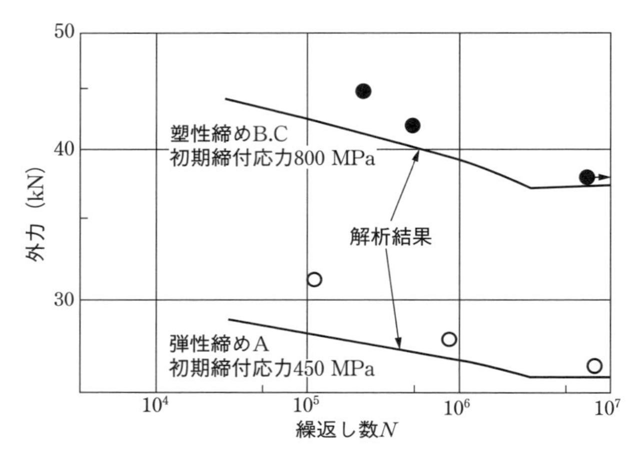

図 4.51　偏心負荷を受けるねじ締結体の疲労強度

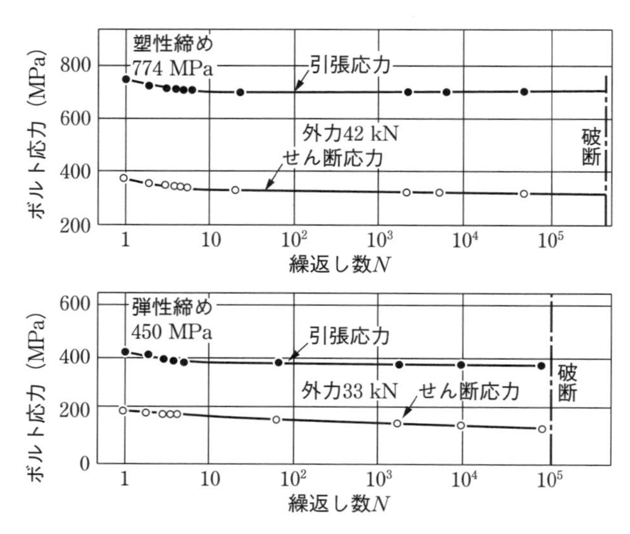

図 4.52　偏心負荷を受けるねじ締結体のゆるみ挙動

この最大公称応力$\sigma_{SA\cdot a}$と、表4.3に示したボルトの疲労限からの予測結果を**図4.51**に示す。実験点がやや高めになっている。これは、表4.3は引張圧縮負荷のものであるが、実験では曲げが支配的だったことによるものと思われる。いずれにしても、塑性域締結によって従来の弾性域締結に比べ、疲れさが50％ほど上昇することが分かった。また、**図4.52**に塑性域締結および弾性域締結を行った偏心負荷ねじ締結体の疲労試験中のボルト応力（軸応力、せん断応力（ねじり応力））の減少特性示す。ゆるみ量については、弾性域締結と塑性域締結でさほど差はなく（同外力レベルならば塑性域締結のほうが小さい）、塑性域締結において塑性変形が進行してゆるみやすいという危険は全くないことが分かる。

2-3　軸直角方向負荷[29)~31)]

一般に機械構造物では、ボルトの軸方向を負荷方向に合わせるように設計されるが、建設構造物の鉄骨の締結では、摩擦継手といってボルトの軸方向を負荷直角方向に合わせる構造がよく使われる。この場合には図4.34に示すように、ボルトの初期締付け力F_Sを負荷Wに対して、$F_S\mu \geq 1.5 \sim 2.0W$を満足するように設計する（(7)式参照）。このように設計すれば、負荷下でねじ締結体は一体が確保され、ゆるみ、疲労破壊に対し十分安全である。しかし最近の電子機器ではねじ締結で機械製品に組み込む場合が多く見られ、この部分に熱負荷が加わるとプラスチック、半導体、ガラスエポキシ基板等によって構成される電子機器と金属性の機械基盤との熱膨張差によって、ボルトの軸直角方向に負荷が加わることになる。このような場合には、電子機器内の許容応力から前述の(7)式の条件での設計が困難になる場合が多い。そこで、わずかなすべりを許容する（図4.34許容すべり量）すべり許容設計が必要となる。

（1）軸直角方向負荷下のすべり挙動

軸直角方向下のねじ締結体のすべり挙動を**図4.53**に示す。負荷が低い場合、

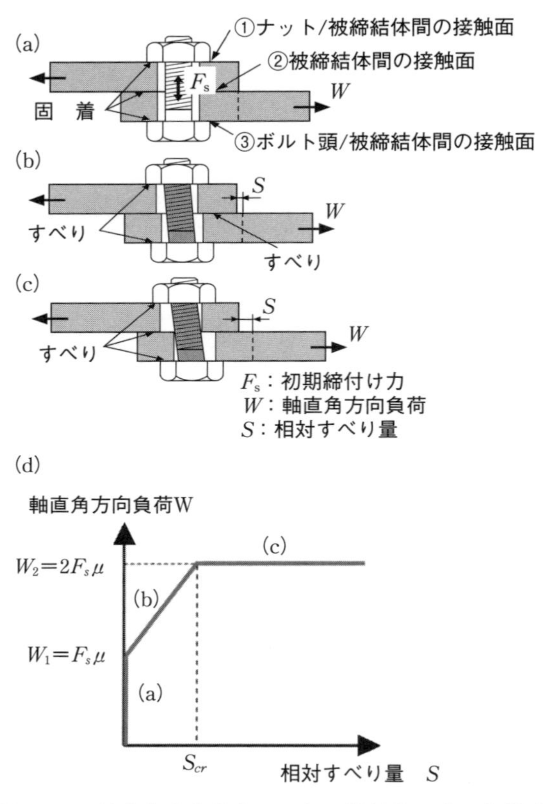

図 4.53　軸直角方向負荷下のねじ締結体のすべり挙動

ボルトと被締結体（2 つの板）は一体として変形する（図 4.53(a)）。横荷重 W が締付けられた部品間の摩擦力（$W_1=F_s\mu$）を超えると、締付けられた部品の間に相対的なすべりが生じる。この場合、この相対的なすべり S は、ボルトの曲げ変形によって吸収され、ボルト頭と被締結体との間には相対的なすべりを生じさせない（図 4.53(b)）。しかし、横荷重 W が締付け部品間の全摩擦力に達すると、ボルト頭部と被締結体との間の摩擦力（$W_2=2F_s\mu$）に達すると、ナットと被締結体との間の相対すべりが生じる（図 4.53(c)）。図 4.53(d) に示すように、この時点で被締結体間の相対的なすべりが共用すべり量 S_{cr} に到達する。つまり、これ以上でナットあるいはボルト頭と被締結体との間に相対すべりが発生することになり、ナットあるいはボルト頭と被締結体に間に回転も許されることになり、ねじのゆるみにつながることになる。

(2) 許容すべり量 S_{cr} の解析

軸直角方向負荷下のボルトの回転ゆるみ関しては、山本、賀勢らが実験結果を用いて限界すべり量を評価する方程式を提案した（Yamamoto、1995[33]、Yamamoto and Kasei、1977）[32]。本項では、この提案式を参考にボルトの曲げ剛性 I とボルト頭部と被締結体との接触界面の曲げ剛性 k_w とナットの抵抗モーメント M_n を用いて方程式を修正した。

図 4.54(a)に、限界すべり量 S_{cr} の解析用モデルを示す。ボルトは単純な段付き丸棒としてモデル化され、横方向力 F_r 下でボルトの曲げ変形は、図 4.54(b)に示すように、ボルト頭と被締結体との接触座面の曲げコンプライアンス k_{wh} とナットと被締結体との接触座面の曲げコンプライアンス k_{wn} とナットの抵抗モーメント M_n を考慮して解析され、限界すべり量 S_{cr} は、式(27)のごとく示される。

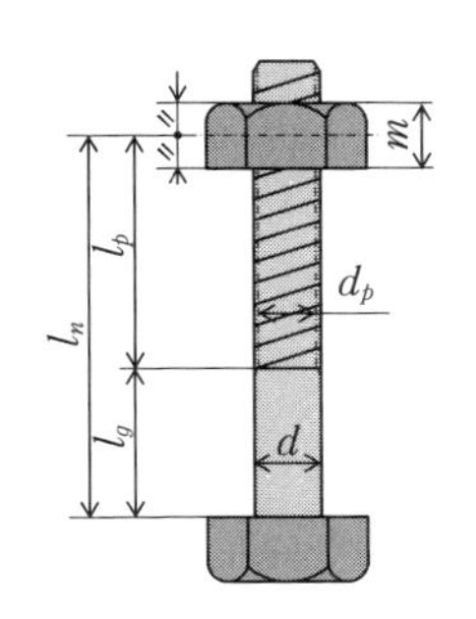

(a) 解析用モデルの寸法パラメータ

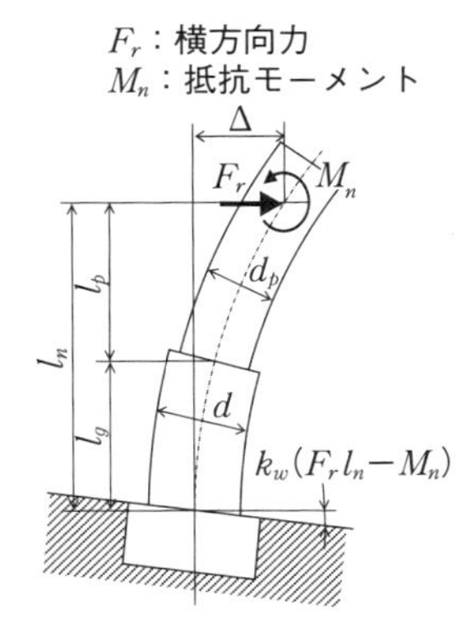

(b) 軸直角方向負荷下のボルトの変形挙動

図 4.54　軸直角方向負荷下のボルト変形解析用モデル

$$S_{cr}=2\left\{F_s\mu\left(\frac{l_g^3}{3EI_g}+\frac{l_p^3}{3EI_p}+\frac{l_gl_pl_n}{EI_g}+k_{wh}l_n^2\right)-M_n\left(\frac{l_g^2}{2EI_g}+\frac{l_p^2}{2EI_p}+\frac{l_gl_pl_n}{EI_g}\right)+k_{wh}l_n\right\} \quad (27)$$

S_{cr}：許容限界すべり量

F_s：ボルト初期締付け力

μ：ボルト頭と締締結体間の境界面の摩擦係数 0.2

F_r：ボルトの横荷重（限界値 $=F_s\mu$）

k_{wh}：ボルト頭と被締結体との接触座面の曲げコンプライアンス

k_{wn}：ナットと被締結体との接触座面の曲げコンプライアンス

E：ボルトの弾性率

I_g、I_p：ボルトの各断面積の慣性モーメント

α：ねじ山の半角

d：ボルトの呼び径

d_p：ボルトの谷径

d_2：ボルトの有効径

(3) ナットの抵抗モーメント M_n

図 4.53 に示したように、軸直角負荷 W が被締結体間の限界摩擦力（$F_s\mu$）を超えると、締付け部品間に相対すべりが発生し、最初ボルトは両端固定はりとして変形する。この場合、ナットの抵抗モーメント M_n は次のように導かれる。

$$M_n=\frac{(W-\mu F_s)\left(\frac{l_g^2}{2EI_g}+\frac{l_gl_p}{EI_g}+\frac{l_p^2}{2EI_p}+k_{wh}l_n\right)}{\frac{l_g}{EI_g}+\frac{l_p}{EI_g}+k_{wh}+k_{wn}} \quad (28)$$

しかし、ボルト（雄ねじ）とナット（雌ねじ）との間のねじ山かみ合い部の接線方向の力が摩擦力に達すると、このねじ山かみ合い界面で相対すべりが発生するため、抵抗モーメント M_n はこの臨界すべりモーメント M_c を超えること

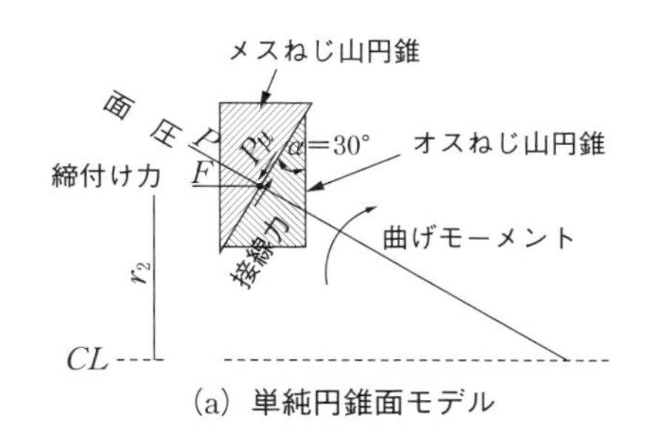

(a) 単純円錐面モデル

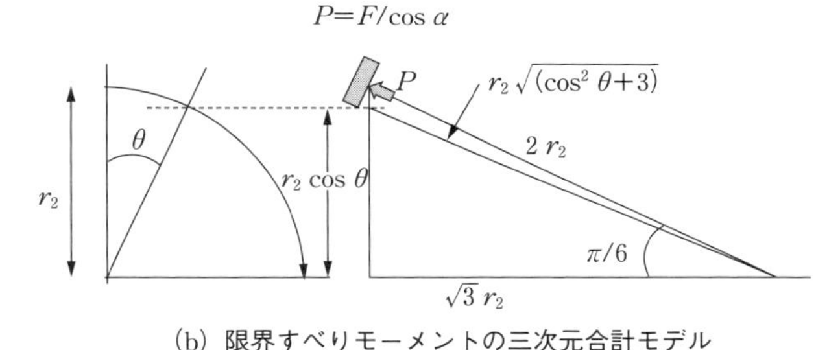

(b) 限界すべりモーメントの三次元合計モデル

図 4.55 軸直角方向負荷下のナット/ボルトねじ面の限界すべりモーメント解析モデル

はできない。本節ではこの限界すべりモーメント M_c を、**図 4.55** に示すような単純な 1 山ごとの雄ねじ山／雌ねじ山接触モデルを用いて推定する。このモデルでは、各々のねじ山を単純な 1 個ずつの円錐モデル（図 4.55(a)）とし、図 4.55(b) に示すように、この局部接線力を周方向に沿った曲げモーメントとして合計することにより、総限界すべりモーメント M_c を式(29)のごとく求めることができる。

$$M_c=2Pr_2\,\mu^{\pi/2}\int_0^{\pi/2}\sqrt{\cos^2\theta+3}\;d\theta=\frac{1}{\cos\alpha}\,F_S\mu d_2\,\frac{2.93}{\pi}$$
$$=1.08F_S\mu d_2 \tag{29}$$

(4) ボルト頭、ナット接触座面の曲げコンプライアンス k_{wh}、k_{wn}

接触座面の等価曲げコンプライアンスの算出には、簡易力学モデルの構築が難しいため、ここでは FEM 解析を用いた。**図 4.56** にその FEM 解析モデルを

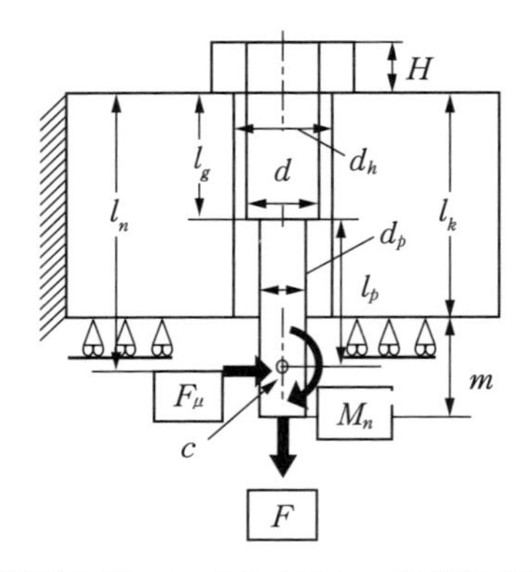

図 4.56　座面曲げコンプライアンス解析用 FEM モデル

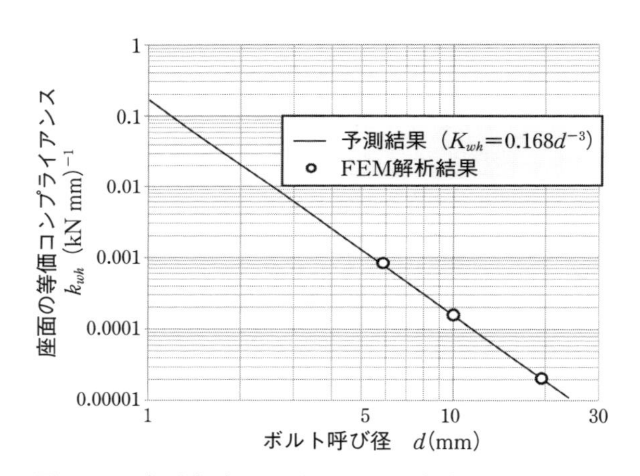

図 4.57　座面曲げコンプライアンス解析結果と予測式

示す。解析は種々のボルト呼び径、締付け力下で行い、低締付け力下では大きく締付け力依存性を示すことが分かったが、定格締付け力領域ではほぼ一定値となり、M6、M10、M20 に対する解析結果は**図 4.57** のごとくなり、次式のような関係式が導かれた[30]。

$$k_{wh}=0.168d^{-3} \tag{30}$$

厳密には、接触両表面の粗さ、降伏応力等の依存を受ける可能性もあるが、ここでは第一次近似的にこの式で予測し、さらにこのボルト頭座面の曲げコン

プライアンス k_{wh} は、ナット座面の曲げコンプライアンス k_{wn} と等しいとして進める。

(5) 許容すべり量 S_{cr} の実測

(2) 項で述べた、許容すべり量 S_{cr} の解析の妥当性を確認するため、**図 4.58** に示す装置を用いて実測した結果を示す。

ボルトサイズ M16、初期締付け力 15 kN の試験体に、種々の相対すべりを繰返し負荷中の締付け力低下状況を**図 4.59** に示す。各相対すべり量に対する、繰返し数 1,000 回でのゆるみ速度をプロットすると**図 4.60** のごとくなり、明確にゆるみ速度が急増する相対すべり量、つまり実験での許容すべり量 S_{cr} が求ま

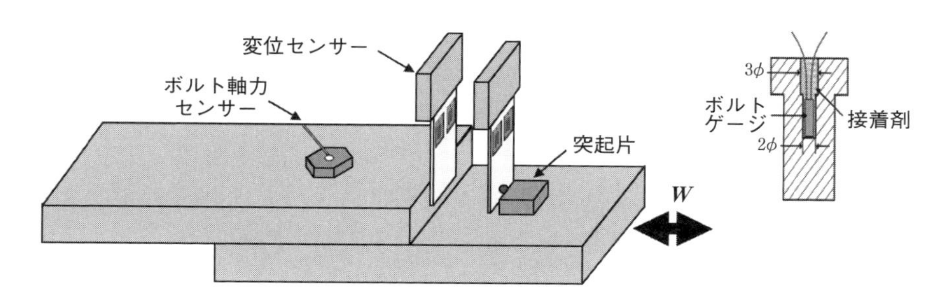

図 4.58　軸直角方向負荷下のすべり、ゆるみ挙動実測用試験装置

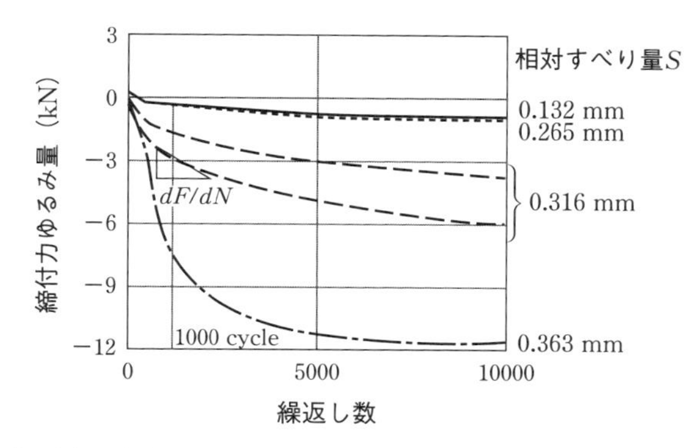

図 4.59　相対すべり量とゆるみの実測結果（M16、初期締め付け力 15 kN））

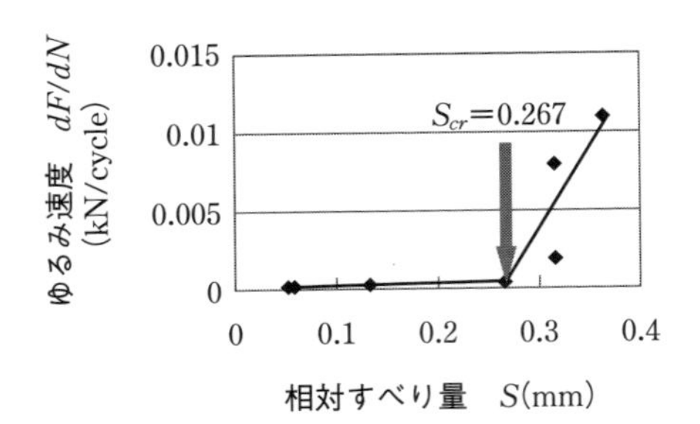

図 4.60　ゆるみ速度からの許容すべり量の実測
(M16、初期締め付け力 35 kN))

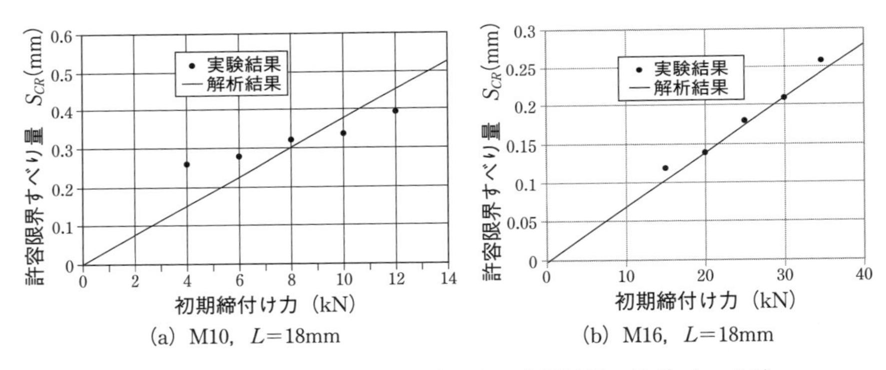

（a）M10，L=18mm　　（b）M16，L=18mm

図 4.61　許容すべり量の予測結果と、実測結果の比較（μ=0.2）

る。

このようにして求めた、各ボルトサイズ、初期締付け力に対する許容すべり量の実測結果を**図 4.61** に●印で示す。(27)式での予測結果を実線で示すが両者とも比較的よく合っており、許容すべり量の予測法の妥当性が確認される。

この予測法を用いた模擬設計例を、2.2 節（7）項に示すので、参考に願いたい。

3. リベット締結

3-1　リベット継手単体要素の応力[34)]

図 4.62 に示すリベットの 1 列の重ね継手を例にとって説明する。この 1 列リベット重ね継手が引張荷重 P を受ける場合、荷重 P が小さい間は板間の摩擦抵抗力で荷重を伝達するが、荷重 P が大きくなるとすべりが生じ、リベット穴の内側面とリベット軸の外側面とが接触して荷重を伝達することになる。その結果、図に示す形態の破壊発生の恐れが生じる。これら各破壊形態に対応する

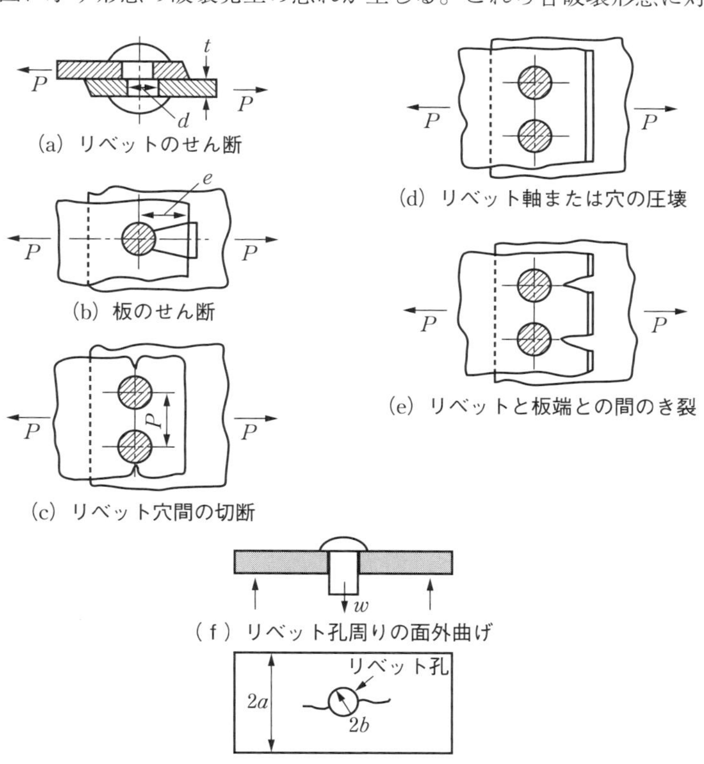

図 4.62　リベット継手の破壊形態

応力を材料力学的に以下のように計算して評価する。

(a) リベットのせん断応力

$\tau = 4P/\pi d^2$

(b) 板のせん断応力

$\tau' = P/2e \quad t$

(c) 板のリベット穴最小断面の引張応力

$\sigma_t' = P/p - d \quad t$

(d) リベット軸または穴側面の圧縮応力

$\sigma_c(\sigma') = P/d \quad t$

(e) リベット穴部板端の応力

$\sigma_b' = 3Pd/(2e-d)^2 t$

(f) リベット孔周り面外曲げ

$$\sigma_\theta = \frac{(M_\theta)_{r=d/2}}{t^2/6}$$

$$(M_\theta)_{r=d/2} = -\frac{P(1+\nu)}{4\pi}\left(-\frac{1-\nu}{1+\nu} + \frac{2e^2}{e^2-(d/2)^2}\ln\frac{d/2}{e}\right)$$

d：穴径、t：板の厚さ、e：リベット穴中心から板端までの距離

これらの式で求めた応力を板およびリベット材の強度と比較して強度設計をすることになる。

3-2　リベット継手構造の応力分担

実際のリベット締結継手では、各リベット単体要素が均等に荷重分担することは少ない。従って、強度設計では各リベットに作用する荷重分担を考慮した上で、前項で説明した応力計算式等で強度検討を行うべきである。この荷重分担の代表例について以下に示す。

(1) モーメントを受けるせん断型継手

図 4.63 に示すように、せん断型継手にモーメントが作用する場合、モーメントの回転中心を締結体の重心位置とすると、最大荷重が作用する最外端のリベットの荷重 P とリベット継手に作用するモーメントの関係は、回転中心からリベットまでの距離 R を用いて、

$$P = M/R$$

となる。この P を上述の単体の評価式に入れて評価する。

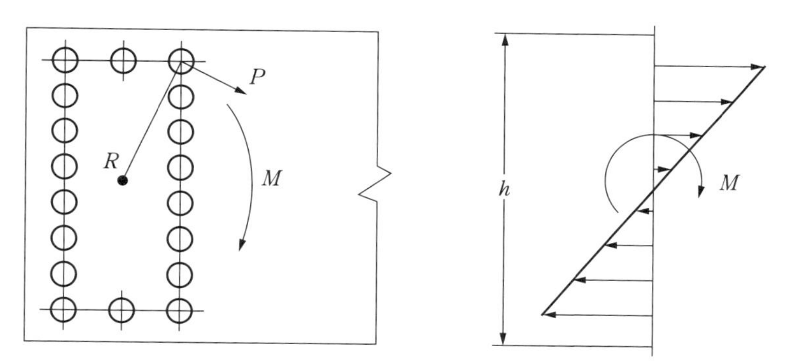

図 4.63　せん断型リベット継手のモーメント負荷に対する荷重分担

(2) モーメントを受ける引張型継手

引張型継手がモーメントを受ける場合は、圧縮側では被締結体が一部圧縮荷重を分担するため、**図 4.64** に示すように、リベット列の長さ h の 0.8 倍の位置を回転中心として、先と同様にリベットに作用する荷重 P を求める。

(3) 面外荷重を受ける重ね継手

パネルとか、筐体のフタに圧力がかかるような場合には、板のリベット孔周りに面外の曲げがかかり、板下面の孔周方向に引張りの曲げ応力がかかる。このような面外曲げ応力の計算は、材料力学では困難で、弾性力学を基にした ROARK の公式集（参考文献；第 2 章 23)、ROARK'S FORMURAS for

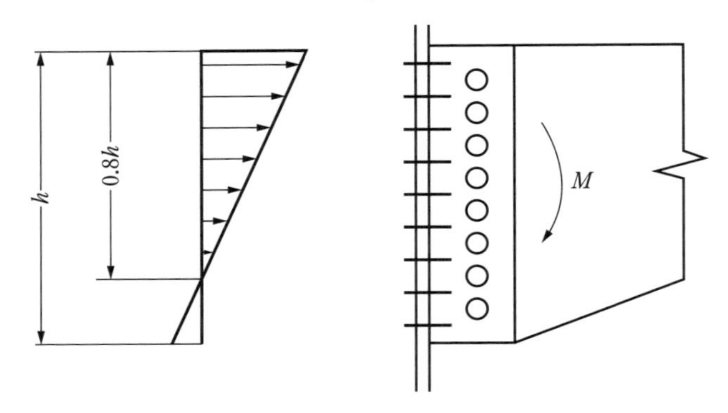

図 4.64　引張型リベット継手のモーメント負荷に対する荷重分担

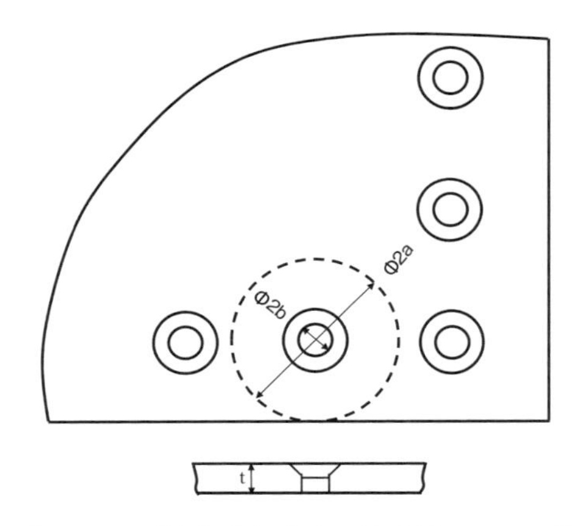

図 4.65　面外荷重を受ける継手部のモデル化

STRESS and STRAIN p. 475, Table 11.2）を参考に計算する。モデル化については、例えば**図 4.65** のような中心孔径 d、外径 $2a$ の円板の外周を支持、中心孔周りに、外力の 1 本分の力 P を用いて、上述 3.1（f）の式で計算する。実際の計算例は、事故事例 2–9 を参考にしていただきたい。

3-3 リベット継手の強度設計

(1) リベット継手の静的強度

リベット締結体が受ける最大荷重に対し、上項の方法等で計算した応力σまたはτが対象材料の許容応力を越えないように設計する。材料の許容応力は例えば引張りの場合、材料の引張強度σ_Bまたは降伏強度σ_Yとすると、引張許容応力σ_{al}は、

$$\sigma_{al}=\frac{\sigma_a(\text{または})\sigma_a}{S_f}$$

ここで、S_f；安全率（安全率は1.4以上とすることが望ましい）で求められる。

表4.4に冷間成形リベット材料の引張強度を示した。圧縮の場合も引張りと同じ許容応力を使用するのが一般的である。せん断荷重の場合も同様に対処するが、せん断強度が不明の場合は次式でせん断許容応力τ_{al}が求められる。

$$\tau_{al}=\frac{\sigma_{al}}{\sqrt{3}}$$

表4.4 リベット材料の引張強度

区　分	材　　料	引張強度 kg/mm^2（MPa）
鋼リベット	JIS G3505（軟鋼線材）または JIS G3539（冷間圧造用炭素鋼線）2 の SWCH6R～SWCH17R	35（343）以上
黄銅リベット	JIS H3260（銅および銅合金線）の C 2600 W、C 2700 W または C 2800 W	28（275）以上
銅リベット	JIS H3260 の C 1100 W	20（198）以上
アルミニウムリベット	JIS H4120（アルミニウムおよびアルミニウム合金リベット材）	8（78）以上

(2) リベット継手の疲労強度

一般的リベット継手ではリベットが疲労破壊することはなく、母材が破断す

表 4.5　リベット継手、ボルト継手類の疲労強度

試験片種類	配列	母材材質	結合面処理	2×10^6 強度 (MPa)（全振幅）
リベット	2列2本	SS41	黒皮	196.0
	1列4本	〃	〃	147.0
	〃	Welten50	〃	127.4
ボルト	2列2本	SS41	黒革	225.4
	〃	〃	アマニ油	176.4
	〃	〃	メタリコン	225.4
	1列4本	SS41	黒革	205.8
	〃	〃	エナメル	171.5
	〃	Welten50	フレーム・クリーニング	205.8
有孔板ほか（非継手）	母材	SS41	黒皮	225.4
	有孔板	〃	〃	107.8
	リベット締め	〃	〃	117.6
	ボルト締め	〃	〃	156.8

る。リベット継手の疲労強度はねじ締結体と同様、リベットの締付け力に関係し、締付け力が低いと疲労強度も低く、ばらつきの原因となる。**表 4.5** にボルト継手も含めて疲労強度の例を示した[34)]。表4.5に示されるごとく、ボルト継手のほうがリベット継手より疲労強度が高く、母材に近い疲労強度が期待できるのに対し、リベット継手の疲労強度は有孔平板の疲労強度とほぼ等しいと考えて設計するほうが安全である。静的強度同様に安全率を考慮する必要があるが、疲労の場合は、負荷および材質のばらつきが大きくなることを考慮して、2.0以上とることが望ましい。また、リベット継手ではフレッチングが生じやすく、それに伴う疲労強度低下に配慮が必要である。

4. 溶接構造

溶接構造の強度評価・強度設計には、基本的に破壊の起点別の局部的評価的方法と、継手構造・工法別の巨視的評価方法に分けられる。以下それぞれにつ

いて説明する。

4-1 局部的強度評価法

溶接継手において破壊の起点になるのは、**図 4.66** に示す余盛止端部、不溶着ルート部および溶接欠陥である。以下それぞれについて説明する。

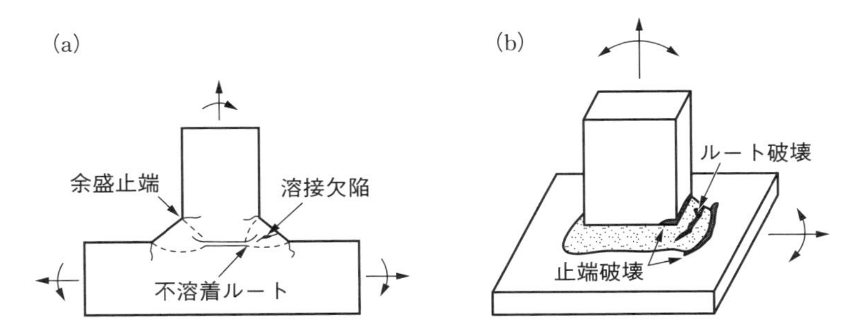

図 4.66 溶接継手の破壊の起点

4-2 余盛止端部からのき裂発生

溶接継手における止端部断面写真の例を**図 4.67** に示す。何の処理もしない

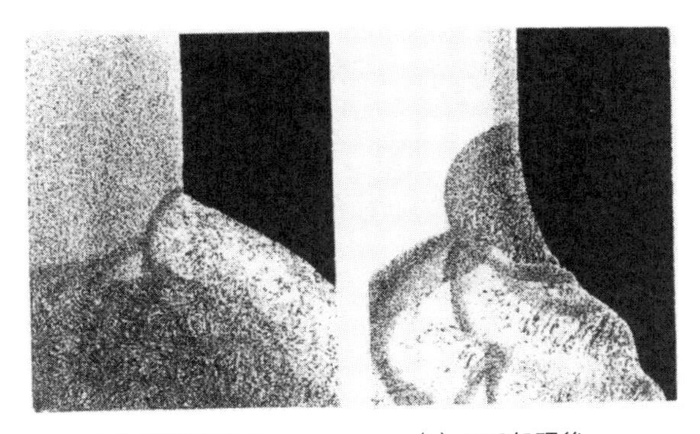

(a) 溶接のまま　(b) TIG処理後

図 4.67 余盛止端部の形状

止端形状は同図(a)に示すように鋭い形状になっている。これを改善するために、グラインダ仕上げあるいはTIG再融処理をしてなめらかにする（同図(b)参照）。この(b)のような処理形状の場合は、通常の応力集中率、形状係数での材料力学的強度評価ができるが、(a)のような場合は、止端部で応力が無限大となる応力特異場状態となっているため、以下に示す応力特異場パラメータを用いて評価されている[35)36)]。

切欠き先端つまり止端からの距離 r における応力 σ は、

$$\sigma = H/r^{\lambda} \tag{31}$$

と表される。

ここで、H は応力特異場の強さ、λ は応力特異性の指数と呼ばれる。特異性の指数 λ は、**図 4.68** に示すように開き角度 ψ（$\psi=\pi-\theta$、θ；余盛角）と次式の関係にある[35)36)]。

$$\sin[(1-\lambda)(2\pi-\psi)] = \pm(1-\lambda)\sin(2\pi-\psi) \tag{32}$$

止端部の強度は、この特異性の指数と応力特異場の強さを用いて評価することとなる[35)36)]が、SM400鋼およびHT590鋼に対して実測した余盛角と片振疲労限度応力幅 $\Delta\sigma_w$ との関係を**図 4.69** に示す[36)]。余盛角 θ が増すと、$\theta=0°$ の平滑材の強度と比較して急激に低下するが、通常の溶接止端形状である θ が $45°$ 以上になると、ほぼ一定値に落ち着く。また母材が、軟鋼SM400から高張力

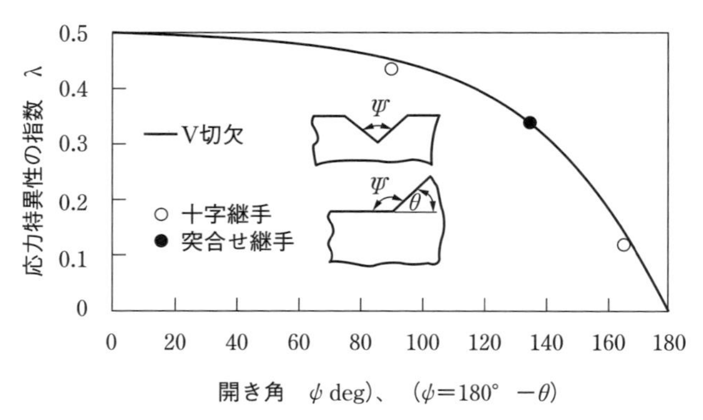

図 4.68　余盛止端部の開き角と応力特異性の指数の関係[36)]

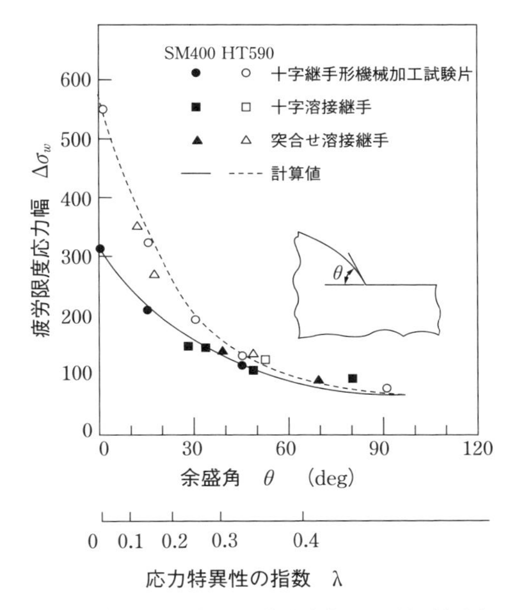

図 4.69 溶接止端部の余盛角と疲労限度応力幅の関係（板厚 50 mm、R＝0）[36)]

鋼 HT590 に変わった場合、平滑材や仕上げで余盛角を 20° 以下に減少させた継手では、疲労強度は向上するものの余盛角が 45° 以上の溶接のままの状態では向上していない。このように応力集中率が高い場合には、高強度の材料の効果がなくなることは、一般の切り欠き材の使用時の注意点と同じである。

4-3 不溶着ルート部、溶接欠陥からのき裂発生

溶接継手におけるもう 1 つのき裂発生箇所は不溶着ルート部あるいは溶接欠陥である。この場合には、図 4.66 に示すように内部からき裂が発生することになる。この不溶着、欠陥部分をき裂と同等ととらえ、破壊力学的に強度評価がなされる。

〔十字継手〕

図 4.70 に、不溶着部を有する十字継手の疲労限度(a)と、ルート部からの疲

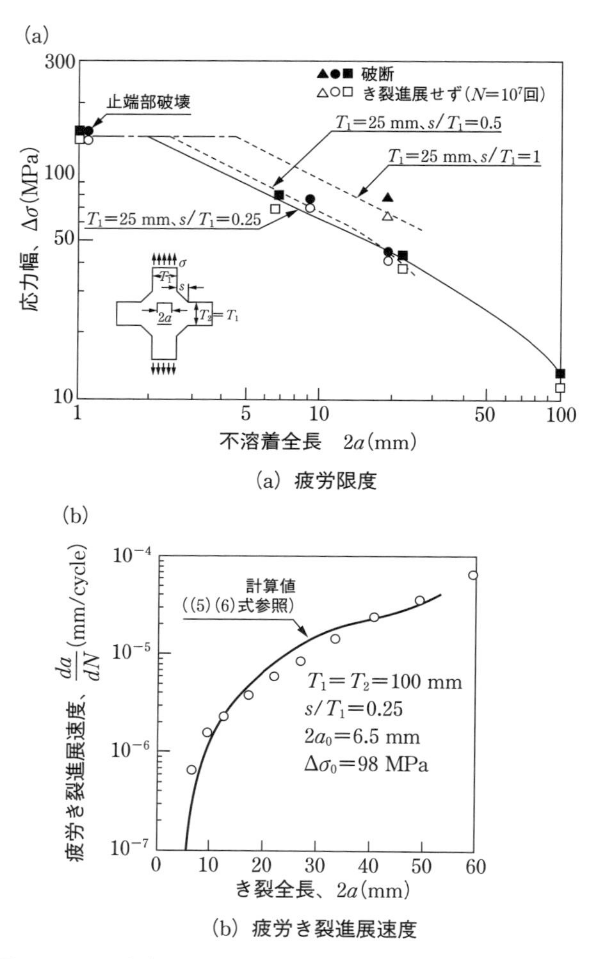

(a) 疲労限度

(b) 疲労き裂進展速度

図 4.70　不溶着部を有する十字継手の片振引張り疲労強度

労き裂進展速度(b)の実験結果を示す。計算値は、有限要素法で求めた引張りモードⅠおよび面内せん断モードⅡ応力拡大係数 K_{I}、K_{II} から、(33)式の最大主応力拡大係数範囲 $K_{\theta\max}$ の変動幅 $\Delta K_{\theta\max}$ を計算し、その値と溶接材の疲労き裂進展限界応力拡大係数範囲 ΔK_{th} および疲労き裂進展速度 $da/dN-\Delta K$ 関係とを用いて計算したものである。

$$K_{\theta\max}=\cos\frac{\theta_{\max}}{2}\left(K_{I}\cos^{2}\frac{\theta_{\max}}{2}-\frac{3}{2}K_{II}\sin\theta_{\max}\right) \tag{33}$$

ここに、$\theta_{\max}$ は、き裂の進展する最大主応力面の方向で、次式で表わされる。± 符号は、K_{II} が正の場合に負である。

$$\theta_{\max}=\pm\cos^{-1}\left(\frac{3K_{II}^{2}+K_{I}\sqrt{8K_{II}^{2}+K_{I}^{2}}}{9K_{II}^{2}+K_{I}^{2}}\right) \tag{34}$$

〔T 継手〕

T 継手の場合は**図 4.71**(a)に示すように、副板（曲げを受ける部材）のスパン L が短くなると、不溶着ルート部の応力拡大係数は十字継手のそれとほぼ等しくなるが、長くなるに従って、K_{I} は十字継手のそれよりも大きく低下する。これは、図 4.71(b)に示すように、副板の曲げモーメントが、ルート部に負の応力拡大係数を生じさせるからである。

〔片側重ね継手〕

図 4.72 に示す片側重ね継手は配管や容器等で採用せざるを得ない構造であ

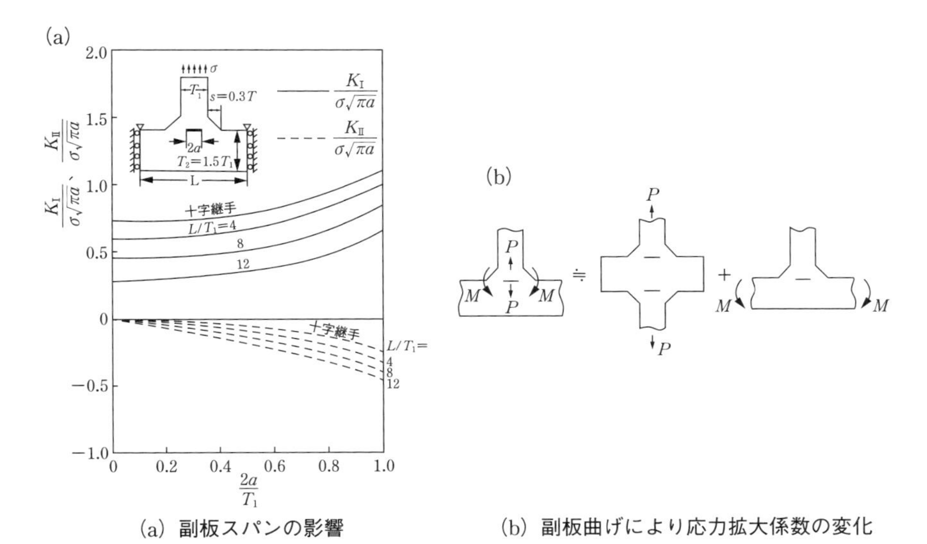

(a) 副板スパンの影響　(b) 副板曲げにより応力拡大係数の変化

図 4.71　不溶着部を有するT継手の主板片振引張りにおける応力拡大係数

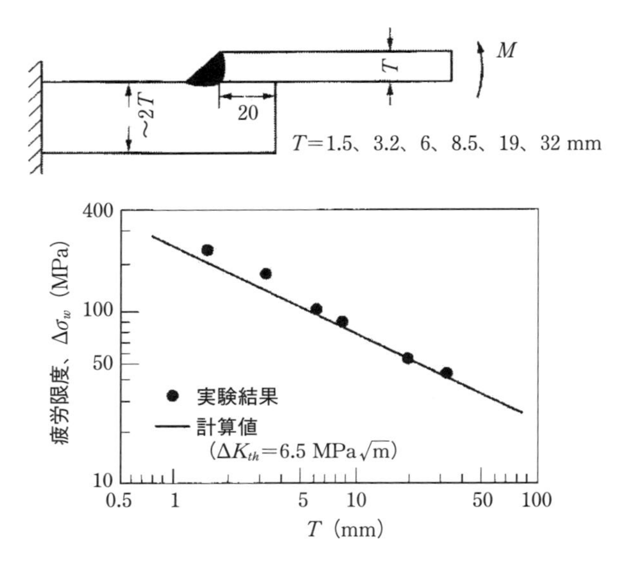

図 4.72　片側重ね継手の片振り曲げ疲労限度に及ぼす板厚の影響

るが、このような曲げ負荷を受ける場合には引裂モードによる破壊が心配される。結果的に、この場合の疲労限度 $\Delta\sigma_{w0}$ は板厚 T の影響を強く受ける。

$\Delta K_{\theta\max}=\Delta K_{th}$ の関係から導かれる破壊力学的な予測結果は、

$$\Delta\sigma_w=7.3/\sqrt{T} \tag{35}$$

と実験結果とよく一致している。

鉄道台車の分野では、その分野に使われる溶接構造、施工（**図 4.73** 参照）に特化して、**図 4.74** のごとく対象溶接構造ごとにグラフ化し、設計者により使いやすい形にまとめている[37)]。このように材料力学、破壊力学を用いての詳細解析を個々の設計に際して個別的に行うのではなく、ある程度標準化した形にまとめておくことは、設計効率の上で重要である。他の製品分野でも参考に願いたい。

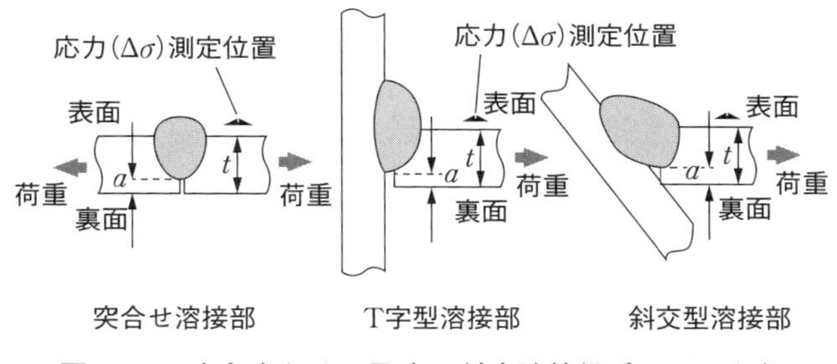

図 4.73　突き合わせ、T 字、斜交溶接継手のルート部

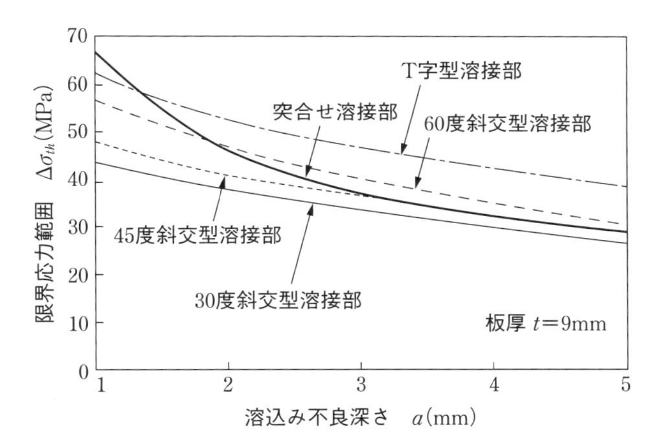

図 4.74　不溶着長さ（溶込み不良長さ）に対する、疲労限界応力[37]

4-4　特定位置応力による強度評価法

上記のように、局部の応力集中率、応力特異場パラメータ、応力拡大係数を使い分けて評価する方法は、強度設計者の多大な労力となるため、最近はこれらをすべて包含し、どんな形状でも統一的に評価できる特定位置応力法が提案され、実際の設計現場で使われ始めているので、ぜひ参考にしていただきたい[35]（第 3 章 3–2 節参照）。

4-5　巨視的強度評価法

以上、溶接構造内の局部に注目して、その代表的なき裂発生位置である余盛止端部、不溶着ルート部ごとの強度評価法を紹介したが、いずれにしても溶接構造、継手は全く幾何学的な応力解析のみで強度が予測できるものではなく、金属学的、施工技術的な視点も必要であること、また例えば箱型溶接構造物の内側（裏面）のように、不溶着長さが確認できない場合の対処等を考慮して、とにかく材料、施工・仕上げ程度、別の過去の実績、データベースを総合的に俯瞰した巨視的、大局的な強度評価法も幅広い設計技術者には必要となる。

そのような観点では、日本鋼構造協会が発表している構造物の疲労設計指針が参考になる。**図4.75**に、その日本鋼構造協会疲労設計指針の疲労設計線図[38]を示す。図中A～Hは、溶接継手の強度等級を表しており、継手形状、溶接状態別に**表4.6**に例を示すように定められている。具体的には、実稼働中の溶接継手部のマクロ的応力（公称応力）幅が、表4.7に該当する強度等級の疲労限度応力幅$\Delta\sigma_{ce}$よりも安全率も含めて低いことを確認して強度設計することが

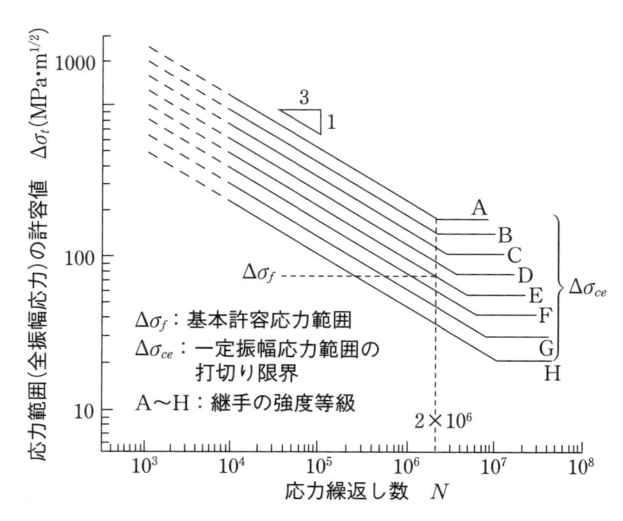

図4.75　日本鋼構造協会疲労設計指針の疲労設計曲線[38]

表 4.6　溶接継手の強度等級例[35]

完全溶込み突合わせ継手		荷重伝達型 T 字継手	
溶接状態	強度等級 ($\Delta\sigma_{ce}$)	溶接状態	強度等級 ($\Delta\sigma_{ce}$)
1. 片面溶接、裏波確認不要	F (46)	1. 片面すみ肉溶接	H (23)
2. 片面溶接、良好な裏波あり	D (84)	2. 両面すみ肉溶接	E (62)
3. 裏当て金付き片面溶接	F (46)	3. 片面開先すみ肉溶接	F (46)
4. 両面溶接（裏はつり）	D (84)	4. 裏当て金付き片面開先すみ肉溶接	F (46)
5. 両面溶接（裏はつり）、余盛削除	B (115)	5. 両面開先溶接	E (62)
6. 両面溶接（裏はつり）、止端部グラインダ仕上げ	C (115)	6. 両面開先溶接、全止端部グラインダ仕上げ	D (84)

荷重非伝達型継手	
溶接状態	強度等級 ($\Delta\sigma_{ce}$)
1. 付加板のすみ肉溶接	G (32)
2. ガゼットの開先溶接	H (23)
3. あて板の重ねすみ肉溶接	H (23)
4. パイプのすみ肉溶接	F (46)

できる。

5. 特定位置応力法の適用

通常の応力集中部位からき裂部位まで全ての構造部位の疲労強度・寿命評価を統一的に行える特定位置応力法を、3 章 2 節、4 章 1 節で説明してきたが、ここでは 2 つの具体的な設計適用例を示す。

5-1　フレッチング疲労向上構造への適用

1.7 節で、フレッチング疲労対策の 1 つとして、接触端に応力緩和溝を設ける

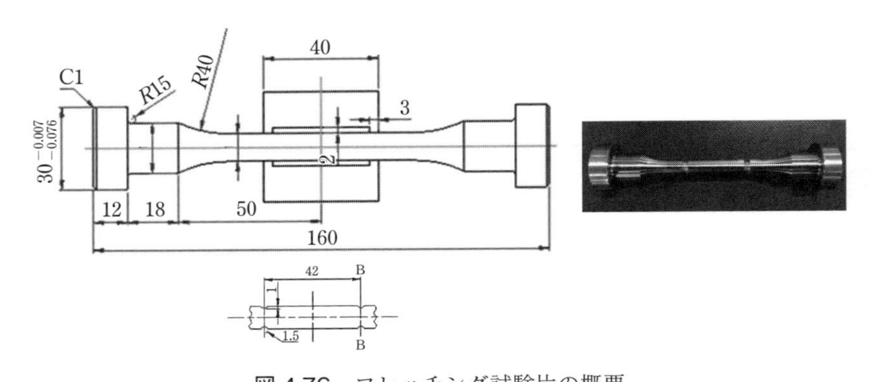

図 4.76　フレッチング試験片の概要

表 4.7　フレッチング試験片母材の強度特性と特定位置

	$\Delta\sigma_{W0}$ (MPa)	ΔK_{th} (MPa$\sqrt{\text{m}}$)	σ_B (MPa)	K_{IC} (MPa$\sqrt{\text{m}}$)	r_C (mm)	r_C' (mm)
SCM435	440	8.4	1100	31	0.058	0.33

方法を提案して、それの有効性を実験的に確認したが、ここではこの対策構造に特定位置応力法を適用し、その有効性を確認した結果を示す。**図 4.76** に実験に用いたフレッチング疲労試験片の図面と写真を示す。

単純フレッチング（plain fretting）モデルは、図のように直径 10 mm の丸棒に両側面からパッドを 4 本のボルトで押し付け、この状態で繰返し軸荷重を与えるモデルとした。材質は SCM435 鋼材とした。**表 4.7** にその機械的性質を示す。パッドの押付け荷重は 1.5 kN とした。また、フレッチング疲労強度向上モデルとしては、同図下部に示すように、丸棒接触部近傍に R2.5 mm、深さ 1 mm の環状溝（Groove）を設けた応力緩和溝構造とした。その試験片の写真を図 4.76 右に示す。これらのモデルの接触端近傍および応力緩和溝部の応力解析結果を**図 4.77** に示す。パッドの押付け荷重は 1.5 kN、軸方向負荷は 200 MPa とした。単純フレッチング（plain fretting）モデルの接触端の応力分布は破線で、応力緩和溝（Groove）モデルの接触端の応力分布を一点鎖線で、溝底の応力分布を二点鎖線で示す。これらの結果から、応力緩和溝（Groove）モデルで

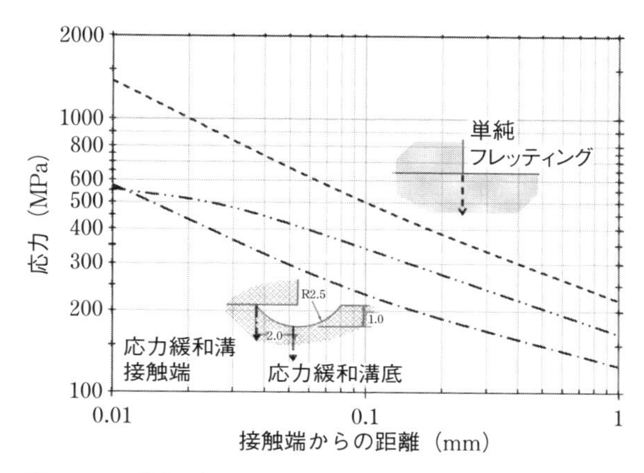

図 4.77　接触端および応力緩和溝部の応力解析結果
（押付荷重は 1.5 kN、軸方向負荷 200 MPa）

は、ほとんどの領域で、接触端部より溝底のほうが応力は高かったので、以下の疲労強度予測は溝底で行った。

表 4.7 に示す素材 SCM435 の平滑材の疲労限 $\Delta\sigma_{w0}$、き裂進展限界応力拡大係数範囲 ΔK_{th}、平滑材の静的強度 σ_{B} および破壊靭性値 K_{IC} をもとに、求めたそれぞれ疲労限条件での特定位置 r_C と、静的強度条件での特定位置 r_C' は表 4.7 のごとくそれぞれ 0.058 mm および 0.33 mm と求まった（詳細は第 3 章 2–3 節 (2) 参照）。これらの特定位置と、各モデルの各負荷レベルでの応力分布の関係を**図 4.78、図 4.79** に示す。図 4.78 は単純フレッチング（plain fretting）モデルを、図 4.79 は応力緩和溝（Groove）モデルの比較結果である。これらの結果から、単純フレッチング（plain fretting）モデルの疲労限は、$\Delta\sigma_W$＝133 MPa、静的強度 625 MPa が予測できた。また、応力緩和溝（Groove）モデルの疲労限は、$\Delta\sigma_W$＝200 MPa、静的強度 860 MPa が予測できた。この応力緩和溝により、フレッチング疲労限が 200/133＝1.5 倍程度向上できることが予測できた。

また、低サイクル疲労領域の特定位置を特定位置 r_C と r_C' を直線につないで内挿予測すると、図 4.78、図 4.79 の実線のごとく求まり、これらの特定位置内挿線と各負荷状態での応力分布の交点の応力値と、平滑材の S–N 曲線（**図 4.80**

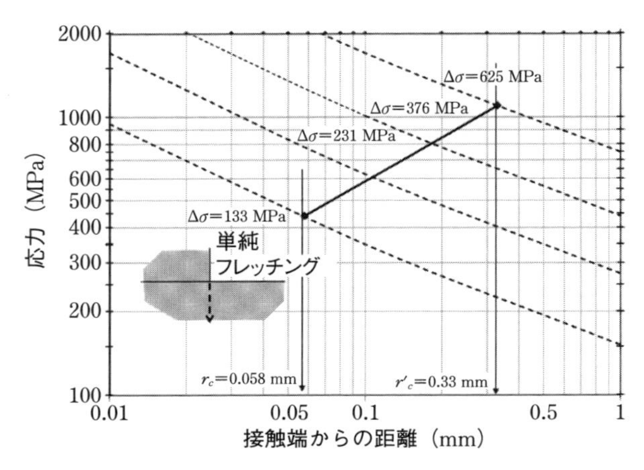

図 4.78　単純フレッチング（plain fretting）モデルの応力分布と特定位置

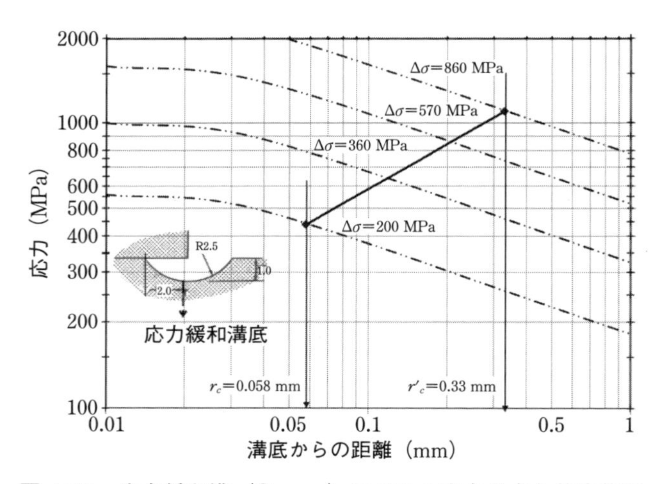

図 4.79　応力緩和溝（Groove）モデルの応力分布と特定位置

の実線）から、各フレッチングモデルの低サイクル疲労寿命が予測できる。この結果を図 4.80 に、それぞれ単純フレッチング（plain fretting）モデルは破線で、応力緩和溝（Groove）モデルは二点鎖線で示す。

図 4.80 の各フレッチングモデルの予測 S–N 曲線の結果から、応力緩和溝（groove）の対策により、単純フレッチング（Plain fretting）に比較して疲労限

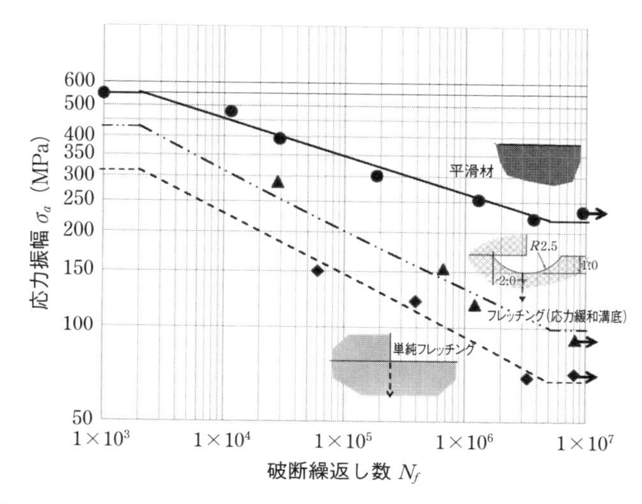

図 4.80　予測したフレッチング疲労強度・寿命と、実験との比較

が 1.5 倍程度向上することが分ったがこの応力緩和溝の形状（R2.5 mm）では、図 4.77 から分かるように接触端に比べて溝底の応力が高く、この応力緩和溝形状の最適化により、ちょうど特定位置 r_C の位置で両者の応力が等しくなるように溝形状の調節、例えば R を 2.5 mm から 3 mm あるいは 4 mm と増大し、溝底の応力を下げれば、フレッチング疲労限は 1.8 倍程度まで向上できることも分かった。これが、接触端でも通常応力集中部でも同一評価法で行える利点でもある。

5-2　オルダム継手の強度評価への適用

異種の材料でかつ、それぞれ異なった応力集中部を有する部材で構成されている部品をすべて同一解析、同一強度評価できる特定位置応力法の適用例として、オルダム継手の疲労強度・寿命評価への適用例を示す。

図 4.81 にオルダム継手の概略構造を示すが、この継手はアルミ合金（A2017）製駆動ハブ（Drive hub）、従動ハブ（Follow hub）と、PEEK 樹脂

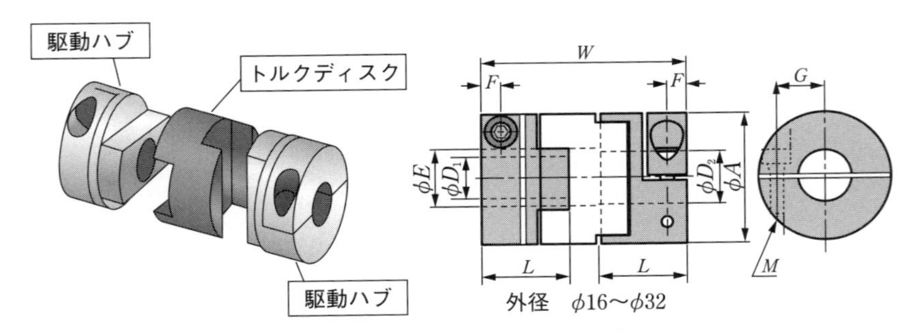

図 4.81　オルダム継手の概略構造と構成部品

表 4.8　アルミ合金と PEEK 樹脂の強度特性

	$\Delta\sigma_{W0}$ (MPa)	ΔK_{th} (MPa$\sqrt{\mathrm{m}}$)	σ_B (MPa)	K_{IC} (MPa$\sqrt{\mathrm{m}}$)	r_C (mm)	r_C' (mm)
PEEK	88	3.0	118	14.0	0.33	1.93
A2017	134	8.0	430	29.3	0.568	0.74

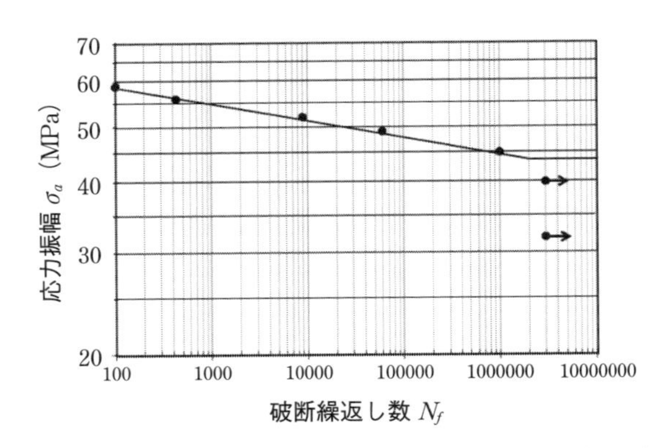

図 4.82　PEEK 樹脂の平滑試験片の S–N 曲線（R=0）

製トルクディスク（Torque disk）より構成されている。

表 4.8 に、これらの材料の強度特性と、これらの特性値に基づいて求めた特定位置 r_c、r_c' を示す（詳細は 3 章 2 節参照）。また、両材料の平滑材の S–N 曲線を**図 4.82** と**図 4.83** に示す。またトルクディスクと駆動ハブの稼働負荷中（定格トルク T＝160 N–m）の FEM 応力解析結果を**図 4.84** と**図 4.85** に示す。

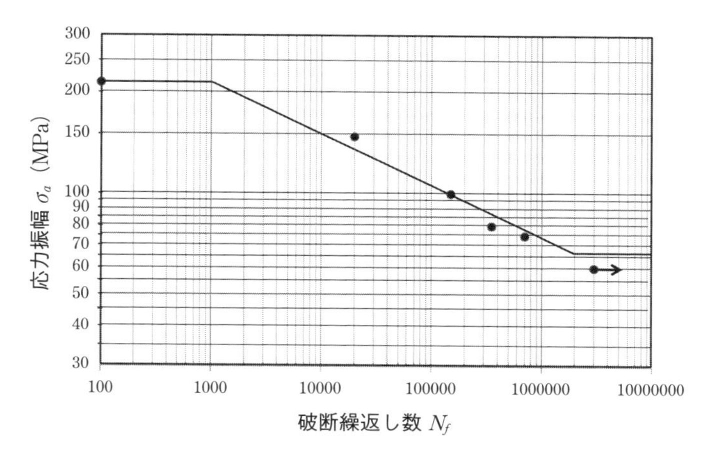

図 4.83 アルミ合金（A2017）の平滑試験片の S–N 曲線（R=0）

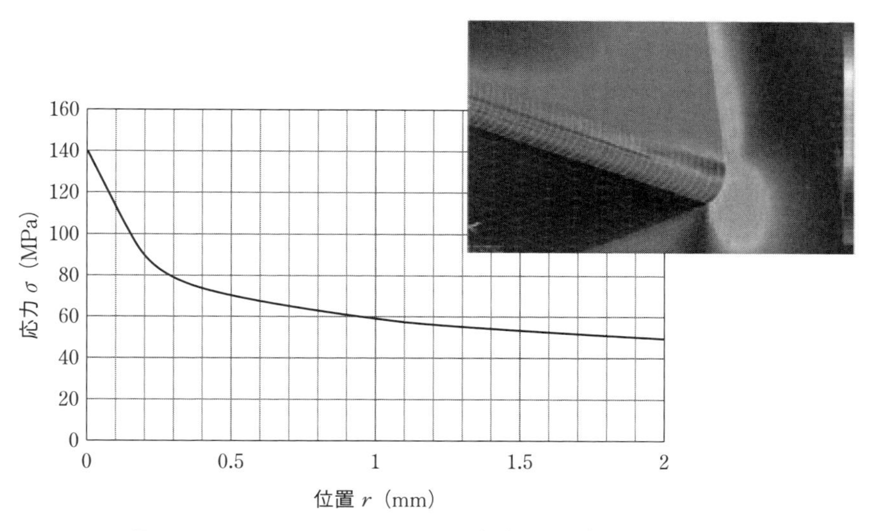

図 4.84 トルクディスクの FEM 解析結果（T=160 N−m）

図 4.85 の駆動ハブの応力分布を種々の負荷レベルに換算して、特定位置線図にプロットした結果を、**図 4.86** に示す。この図から、トルクディスクの疲労限に相当する負荷トルクは 180.5 N–m で、定格トルク 160 N–m に対して、高サ

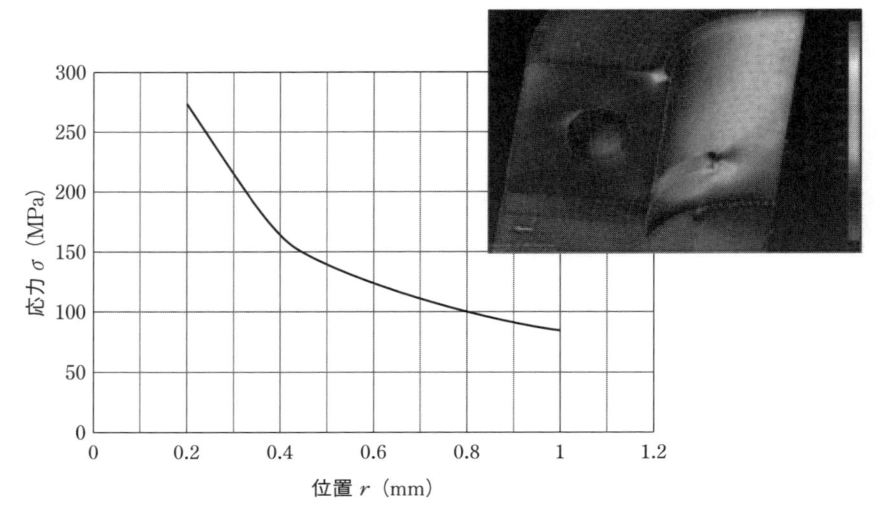

図 4.85　駆動ハブの FEM 解析結果（T＝160 N－m）

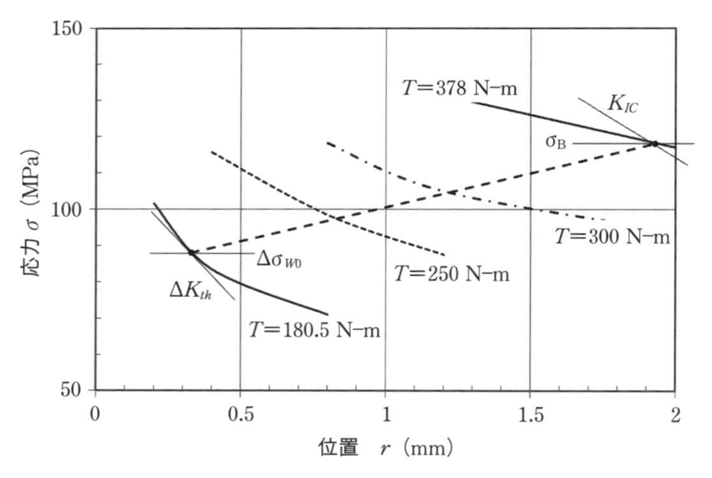

図 4.86　トルクディスクの特定位置と各負荷トルクで応力分布

イクル疲労安全率 1.13 であることが分かる。

また、これらの応力分布と、破線で示す特定位置線図との交点から各負荷レベルでの疲労寿命が求められる（詳細は 3 章 2 節を参照）。このようにして求めたトルクディスクのS–N 曲線を**図 4.87** に実線で示す。同様な方法で求めた駆動ディスクのS–N 曲線を図 4.87 に破線で示す。

これらの予測法の妥当性を確認するために、**図 4.88** に示すサーボ油圧疲労試験装置を用いてオルダム継手の疲労試験を行った。オルダム継手の駆動側、従動側にカンチレバーを取付け、繰返しねじり負荷を与えた。実験結果を図

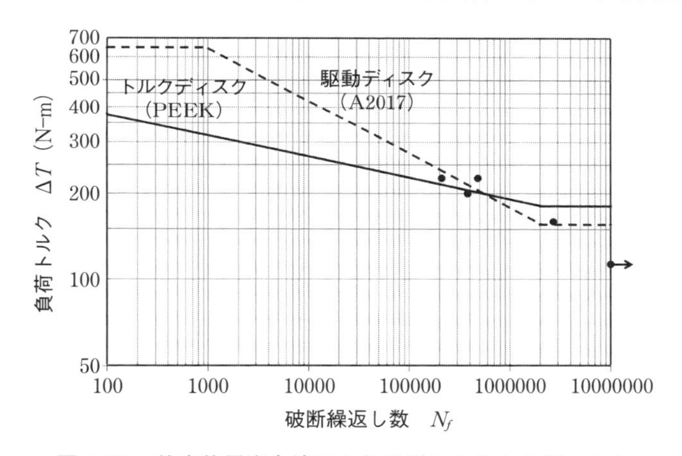

図 4.87 特定位置応力法により予測したトルクディスクおよび駆動ハブのS–N 曲線と実験結果の比較

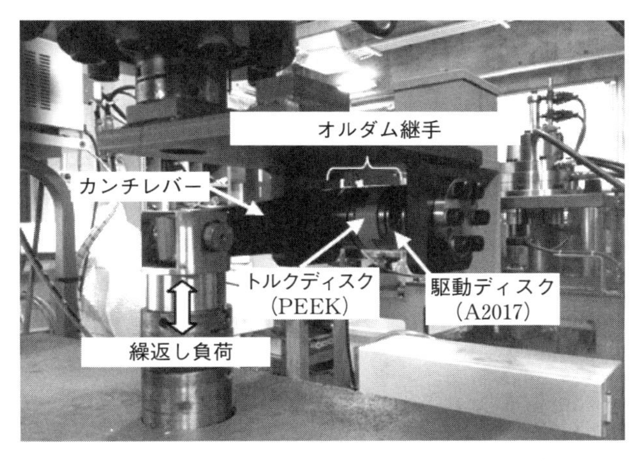

図 4.88 カンチレバー式、オルダム継手のねじり疲労試験

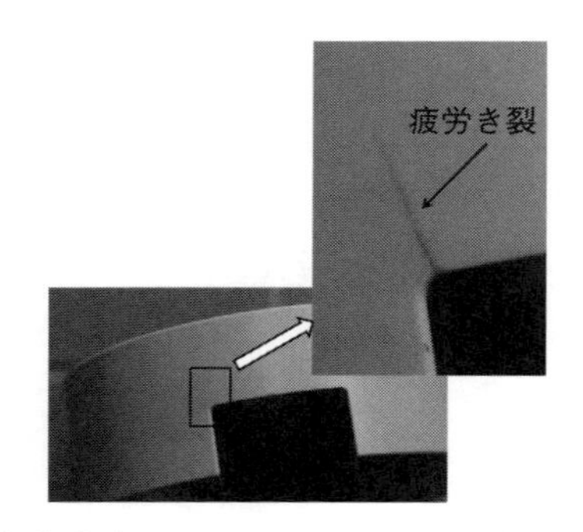

図 4.89　疲労試験中のトルクディスクの疲労き裂発生状況

4.87 に●で示す。疲労破損はいずれもトルクディスク（PEEK 製）側で起こり、実線で示す予測結果と比較的よく一致していることが分かる。またこの試験中に観察されたトルクディスク応力集中部からのき裂の写真を**図 4.89** に示す。特定位置応力法の機械装置、製品の強度評価、強度設計への適用性が確認されている。

［参考文献］

1）Gassner, E., The value of surface–protective media against fretting corrosion on the basis of fatigue strength tests, Laboratorium fur Betriebsfestigkeit TM19/67, 1967.

2）Buch, A., Fatigue and fretting of pin–lug joints with and without interference fit, Wear, 1977, 43, p. 9.

3）Hattori, T., Kawai, S., Okamoto, N. and Sonobe, T., Torsional fatigue strength of a shrink–fitted shaft, Bulletin of the JSME, 1981, 24, 197, p. 1893.

4）Cornelius, E. A. and Contag, D., Die Festigkeits–minderung von Wellen unter dem Einfluβ von Wellen–Naben–Verbindungen durch Lotung, Nut und Paβfeder, Kerbverzahnungen und Keilprofile bei wechselnder Drehung, Konstruktion, 1962, 14, 9, p. 337.

5）Hattori, T., Sakata, S. and Ohnishi, H., Slipping behavior and fretting fatigue in the disk/blade dovetail region, Proceedings, 1983 Tokyo Int. Gas Turbine Cong., 1984, p. 945.

6) Johnson, R. L. and Bill, R. C., Fretting in aircraft turbine engines, NASA TM X–71606, 1974.

7) Okamoto N. and Nakazawa, M., Finite element incremental contact analysis with various frictional conditions, Int. J. Numer. Methods Eng, 1979 14, p. 377

8) Hattori, T., Sakata, H. and Watanabe, T., A stress singularity parameter approach for evaluating adhesive and fretting strength, ASME Book No. G00485, MD–vol. 6, 1988, p. 43

9) Hattori, T. and Nakamura, N., Fretting fatigue evaluation using stress singularity parameters at contact edges, Fretting Fatigue, ESIS Publication 18, 1994, p. 453.

10) Hattori, T., Nakamura, M. and Watanabe, T., Simulation of fretting fatigue life by using stress singularity parameters and fracture mechanics, Tribology International, 2003, 36, p. 87.

11) King, R. N. and Lindley, T. C., Fretting fatigue in a 3 1/2 Ni–Cr–Mo–V rotor steel, Proc. ICF5, 1980, p. 631.

12) Hattori, T. et al., Fretting fatigue analysis using fracture mechanics, JSME Int. J, Ser. l, 1988, 31, p. 100.

13) 服部敏雄，中村真行，坂田寛，渡辺孝，フレッチング疲労の破壊力学的解析，日本機械学会論文集（A 編），53–492，（1987），pp. 1500–1507

14) T. Hattori, Fretting fatigue problems in structural design, Fretting Fatigue (Editors: R. B. Waterhouse and T. C. Lindley), (1994), pp. 437–451, Mechanical Engineering Publications

15) D. Taylor, “Geometrical Effects in Fatigue: A Unifying Theoretical Model,” Int. J. Fatigue, 21, 413–420 (1999).

16) 鯉渕，小久保，初田，服部，事例でわかる製品開発のための材料力学と疲労設計入門，日刊工業新聞社（2009）.

17) 塩谷，松尾，服部，川田，最新フラクトグラフィ—各種材料の破面解析とその事例—，テクノシステム（2010）.

18) 山本晃：ねじ締結の原理と設計，養賢堂，pp127–131（1995）.

19) 吉本勇他：ねじ締結体設計のポイント，日本規格協会（2002）.

20) Verein Deucher Ingenieure, VDI–Richtlinien 2230 (1977) Systematic calculation of high duty bolted joints, 1977［日本ねじ研究協会訳：高強度ねじ締結の体系的計算方法，日本ねじ研究協会，1982］.

21）Verein Deucher Ingenieure, VDI–Richtlinien 2230（1986）Systematic calculation of high duty bolted joints, –joints with one cylindrical bolt–, 1986［丸山一男，賀勢晋司，澤俊行訳：高強度ねじ締結の体系的計算方法–円筒状一本ボルト締結–，日本ねじ研究協会，1989］.

22）Verein Deucher Ingenieure, VDI–Richtlinien Blatt 1 2230（2003）Systematic calculation of high duty bolted joints, –joints with one cylindrical bolt–, 2003［賀勢晋司，川井謙一訳：高強度ねじ締結の体系的計算方法–円筒状一本ボルト締結–，日本ねじ研究協会，2006］.

23）成瀬友博，渋谷陽二，ボルト締結部における負荷時の被締結体の等価剛性評価，日本機械学会論文集（A編），75–757（2009），1230–1238

24）成瀬友博，渋谷陽二，ボルト締結体の軸方向剛性と曲げ剛性の高精度化，日本機械学会論文集（A編），76–770（2010），1234–1240.

25）成瀬友博，渋谷陽二，ボルト締結体の曲げモーメント下における被締結体剛性の非線形特性，日本機械学会論文集（A編），2010/11

26）成瀬友博，川崎健，服部敏雄，シェル要素とビーム要素を用いたボルト締結部の簡易モデル化手法と強度評価（第1報　モデル化手法），日本機械学会論文集（A編），73–728（2007），522–528

27）成瀬友博，川崎健，服部敏雄，シェル要素とビーム要素を用いたボルト締結部の簡易モデル化手法と強度評価（第2報　強度評価法），日本機械学会論文集（A編），73–728（2007），529–536

28）服部敏雄，野中寿夫，種田元治：塑性域締付ボルト締結体の強度，圧力技術，**23**，1，1，pp. 7–13（1985）.

29）泉聡志，木村成竹，酒井信介：微小座面すべりに起因したボルト・ナット締結体の微小ゆるみ挙動に関する有限要素法解析，日本機械学会論文集（A編）**72**，717，pp. 780–786（2006）.

30）中村眞行，服部敏雄，佐藤正司，梅木健：低剛性の被締結部材に軸直角方向の往復荷重が作用した時のボルトの回転ゆるみ挙動，日本機械学会論文集（C編），**64**，627，pp. 4395–4399（1998）.

31）T. Yamagishi, T. Asahina, D. Araki, H. Sano, K. Masuda and T. Hattori: Loosening and Sliding Behaviour of Bolt–Nut Fastener under Transverse Loading, Mechanical Engineering Journal, **5**, 3（2018）, Journal –JSME–D–16–00622（2018）.

32）山本晃，賀勢晋司，精密機械，Vol. 43, No. 4（1977）ppk70.

33) 山本晃，ねじ締結の原理と設計，養賢堂，(1995) pp. 127–131.
34) 日本材料学会編：金属の疲労，丸善 (1964).
35) 服部敏雄，渡辺孝：応力特異場パラメータを用いた汎用的強度評価基準の検討，日本機械学会論文集 (A 編)，67–661，pp. 1486–1492 (2001).
36) 宇佐美三郎，志田茂：圧力技術，**20** (2)，42–50 (1982).
37) 長瀬隆夫：溶接構造台車枠の疲労損傷と強度評価，車両技術，No. 212，pp. 71–79 (1997).
38) 日本鋼構造協会編：鋼構造物の疲労設計指針・同解説，技報堂出版，p. 5，(1993).

おわりに

近年のIT、AIツールの進歩によって、機械製品の解析、設計業務に格段の効率向上が図れるようになったことは否めないが、本来の技術本質を見失いこれら設計ツールをブラックボックスのように安易に使う習慣を続けると、製品開発指向、顧客使用志向、使用材料等の変化の際に思わぬ落とし穴に落ちる危険がある、との思いから、本書の企画が始まった。

技術の本質はもちろん材料力学、弾性力学、破壊力学、構造力学、FEM解析…等従来のテキストでも学べるが、日常の開発設計・生産技術・品質保証・保全の業務に没頭しておられる最前線の技術者にとってそれらをじっくり体系的に勉強しなおす時間は現実として厳しい。そこでまず最初第2章で新聞をにぎわしたような事故例をエンジニアの視点から見直し、読者がこれまで身につけてきた力学・材料知識の活用法、知識欲、責任感・倫理観を包含熟成していただく。ただし、このままでは技術的つながりのない耳学問的な学習に終わり、読者毎の現実の設計・生産・品証・保全現場での応用に展開できない可能性もあるため、第3章で、CAEへの落とし込みを念頭に、力学、材料工学の縦串、横串をたどりながら汎用的な強度設計技術を構築していただけるよう、第2章との参照（○章○○節○○項参照）を明記した。また最後の第4章では、このような方法での具体的な強度設計事例を紹介した。

このまとめを書いているさなか、日本を代表する企業の制振データ偽装、自動車産業幹部の所得虚偽記載、など技術者、あるいは技術者の組織として信用を落とす報道があいつでいる、倫理観のない基礎の上にいくら技術・知識を積んでも結局崩れるというあかしでもある。技術者としての倫理観も感じていただけるように事故事例の随所に皮肉・本音も書かせていただいた、それも感じながら読んでいただきたい。

上記の暗い報道とともに2025年大阪万博開催のニュースも同時に伝えられた。1970年の大阪万博を機械工学科の学生として見させていただき、エンジニアの夢を膨らませ、1985年のつくば万博を入社早々の若きエンジニアとして、夢実現の使命・責任を感じた当時を振り返るに、来る2025年の大阪万博に、未来の日本の産業界を担う若きエンジニアが、何を感じ、思い、磨いていただけるか大いに期待している。

Make Japanese Industrial Revival with Young Engineer's Substantial Study!

服部　敏雄

索　引

【あ 行】

【か 行】

【さ 行】

【た 行】

【な 行】

【は 行】

【ま 行】

【や 行】

【ら 行】

【欧 字】

著者紹介

服部　敏雄（はっとり　としお）

岐阜大学名誉教授。1948年愛知県生まれ。1976年3月、東京工業大学大学院博士課程修了。同年4月、日立製作所に入社し、機械研究所に配属される。主管研究員として半導体、家電、自動車機器からタービン、発電機などの重電機器まで幅広い設計・生産技術開発に携わる。同社を退職した後、2003年、日本機械学会 フェロー、2004年、岐阜大学 工学部 教授に、2014年に静岡理工科大学 理工学部 特任教授に就く。2006年、日本材料学会 破壊力学部門委員会 委員長、2009年、日本機械学会 機械材料・材料加工部門 部門長、2011年、ターボ機械協会 蒸気タービン分科会 主査、2012年、日本機械学会 代表会員、同年、日本機械学会 材料力学カンファレンス M&M2013岐阜大会 実行委員長を務める。1988年、日本機械学会論文賞、2006年、日本機械学会 材料力学部門業績賞、2011年、日本機械学会 機械材料・材料加工部門 功績賞などを受賞する。

著書：『材料力学と疲労設計入門』（日刊工業新聞社・共著）ほか多数。

事故事例から学ぶ
材料力学と強度設計の基礎　　**NDC 501**

2018年12月26日　初版1刷発行　（定価は，カバーに表示してあります）

©著　者　服　部　敏　雄
発行者　井　水　治　博
発行所　日　刊　工　業　新　聞　社

〒103-8548　東京都中央区日本橋小網町14-1
電話　編集部　03（5644）7490
販売部　03（5644）7410
ＦＡＸ　03（5644）7400
振替口座　00190-2-186076
URL　http://pub.nikkan.co.jp/
e-mail　info@media.nikkan.co.jp

印刷・製本　美研プリンティング㈱

2018 Printed in Japan　落丁・乱丁本はお取り替えいたします．
ISBN 978-4-526-07906-1